4 학년이 ✓꼭 알아야 할
수학 서술형

서술형

특징

1 다양한 서술형 문제를 제시된 풀이 과정에 따라 학습하고 익히면서 자연스럽게 문제 해결이 가능하도록 하였습니다.

2 학교 교과 과정을 기준으로 하여 학기 중에 학교 진도에 맞추어 학습이 가능하도록 하였습니다.

구성

서술형 탐구   대표적인 서술형 유형을 선택하여 서술 길라잡이와 함께 제시된 풀이 과정을 통해 문제 해결 방법을 익히도록 구성하였습니다.

서술형 완성하기   서술형 탐구와 유사한 문제를 빈칸을 채우며 풀이 과정을 익히는 학습을 통해 같은 유형의 서술형 문제를 익히도록 구성하였습니다.

서술형 정복하기   서술형 완성하기에서 배운 풀이 전개 방법을 완벽하게 반복 연습하여 서술형 문제에 대한 자신감을 갖도록 구성하였습니다.

실전! 서술형   단원을 마무리 하면서 익힌 내용을 다시 한 번 정리해보고 확인하여 자신의 실력으로 만들 수 있도록 구성하였습니다.

CONTENTS

1 분수의 덧셈과 뺄셈 ⋯⋯⋯⋯⋯⋯ 3

2 삼각형 ⋯⋯⋯⋯⋯⋯ 15

3 소수의 덧셈과 뺄셈 ⋯⋯⋯⋯⋯⋯ 29

4 사각형 ⋯⋯⋯⋯⋯⋯ 53

5 꺾은선그래프 ⋯⋯⋯⋯⋯⋯ 69

6 다각형 ⋯⋯⋯⋯⋯⋯ 83

① 분수의 덧셈과 뺄셈

서술형 탐구

1. 분수의 덧셈과 뺄셈(1)

$2\frac{3}{5}+1\frac{2}{5}=4$의 계산을 2가지 방법으로 설명하시오. (4점)

서술 길라잡이 자연수와 분수로 나누어 계산하거나 대분수를 가분수로 나타내어 계산합니다.

✏ [방법 1] 자연수는 자연수끼리, 분수는 분수끼리 더합니다.

$$2\frac{3}{5}+1\frac{2}{5}=(2+1)+(\frac{3}{5}+\frac{2}{5})=3+\frac{5}{5}=3+1=4$$

[방법 2] 대분수를 가분수로 나타내어 계산합니다.

$$2\frac{3}{5}+1\frac{2}{5}=\frac{13}{5}+\frac{7}{5}=\frac{20}{5}=4$$

평가 기준 1가지 방법을 설명할 때마다 2점씩 배점하여 총 4점이 되도록 평가합니다. | **합 4점**

서술형 완성하기

서술형 풀이를 완성하시오.

1 $1\frac{4}{7}+3\frac{6}{7}=5\frac{3}{7}$의 계산을 2가지 방법으로 설명하시오.

✏ [방법 1] 자연수는 자연수끼리, 분수는 분수끼리 더합니다.

$$1\frac{4}{7}+3\frac{6}{7}=(1+\boxed{})+(\frac{4}{7}+\frac{\boxed{}}{7})=\boxed{}+\frac{\boxed{}}{7}=\boxed{}+\boxed{}\frac{\boxed{}}{7}=\boxed{}\frac{\boxed{}}{7}$$

[방법 2] 대분수를 가분수로 나타내어 계산합니다.

$$1\frac{4}{7}+3\frac{6}{7}=\frac{11}{7}+\frac{\boxed{}}{7}=\frac{\boxed{}}{7}=\boxed{}\frac{\boxed{}}{7}$$

2 $5\frac{9}{11}-2\frac{7}{11}=3\frac{2}{11}$의 계산을 2가지 방법으로 설명하시오.

✏ [방법 1] 자연수는 자연수끼리, 분수는 분수끼리 뺍니다.

$$5\frac{9}{11}-2\frac{7}{11}=(\boxed{}-\boxed{})+(\frac{\boxed{}}{11}-\frac{\boxed{}}{11})=\boxed{}+\frac{\boxed{}}{11}=\boxed{}\frac{\boxed{}}{11}$$

[방법 2] 대분수를 가분수로 나타내어 계산합니다.

$$5\frac{9}{11}-2\frac{7}{11}=\frac{\boxed{}}{11}-\frac{\boxed{}}{11}=\frac{\boxed{}}{11}=\boxed{}\frac{\boxed{}}{11}$$

1 $1\frac{3}{4}+1\frac{2}{4}=3\frac{1}{4}$ 의 계산을 그림을 이용하여 설명하시오. (3점)

2 $5-2\frac{7}{8}=2\frac{1}{8}$ 의 계산을 2가지 방법으로 설명하시오. (4점)

[방법 1]

[방법 2]

3 $2\frac{2}{6}-1\frac{5}{6}=\frac{3}{6}$ 의 계산을 2가지 방법으로 설명하시오. (4점)

[방법 1]

[방법 2]

철사를 이용하여 모빌을 만드는 데 한별이는 $\frac{7}{8}$ m, 지혜는 $\frac{5}{8}$ m를 사용하였습니다. 한별이와 지혜가 사용한 철사는 모두 몇 m인지 풀이 과정을 쓰고 답을 구하시오. (5점)

서술 길라잡이 덧셈식을 세울 것인지 뺄셈식을 세울 것인지 판단합니다.

✏️ 두 사람이 사용한 철사 전체의 길이를 묻는 문제이므로 덧셈식을 세워 답을 구합니다.

(한별이가 사용한 철사의 길이)+(지혜가 사용한 철사의 길이)$=\frac{7}{8}+\frac{5}{8}=\frac{12}{8}=1\frac{4}{8}$(m)

따라서 한별이와 지혜가 사용한 철사는 모두 $1\frac{4}{8}$ m입니다.

답 $1\frac{4}{8}$ m

평가기준	문제의 상황에 맞도록 올바른 계산식을 세운 경우	3점	합
	계산식을 바르게 계산하여 답을 구한 경우	2점	5점

서술형 완성하기 서술형 풀이를 완성하고 답을 써 보시오.

1 영수는 할아버지 댁에 가는 데 $2\frac{5}{6}$시간 동안 기차를 타고 $1\frac{1}{6}$시간 동안 버스를 탔습니다. 기차와 버스를 탄 시간은 모두 몇 시간인지 풀이 과정을 쓰고 답을 구하시오.

✏️ 기차와 버스를 탄 전체 시간을 묻는 문제이므로 (덧셈식, 뺄셈식)을 세워 답을 구합니다.

(기차를 탄 시간)+(버스를 탄 시간)

$=2\frac{5}{6}+1\frac{1}{6}=(2+\Box)+(\frac{5}{6}+\frac{\Box}{\Box})=\Box+\frac{\Box}{\Box}=\Box+\Box=\Box$(시간)

따라서 기차와 버스를 탄 시간은 모두 $\Box$시간입니다.   **답** _____

2 예슬이는 2 L의 물 중에서 $\frac{1}{4}$ L를 마셨습니다. 남은 물은 몇 L인지 풀이 과정을 쓰고 답을 구하시오.

✏️ 마시고 남은 물의 양을 묻는 문제이므로 (덧셈식, 뺄셈식)을 세워 답을 구합니다.

(처음에 있던 물의 양)−(마신 물의 양)

$=2-\frac{1}{4}=(1+1)-\frac{1}{4}=1+\frac{\Box}{\Box}-\frac{1}{4}=1+\frac{\Box}{\Box}=\Box\frac{\Box}{\Box}$(L)

따라서 남은 물은 $\Box\frac{\Box}{\Box}$ L입니다.   **답** _____

1 신영이네 집에서 서점까지의 거리는 $1\frac{3}{8}$ km이고 서점에서 지하철역까지의 거리는 $1\frac{7}{8}$ km입니다. 신영이가 집에서 서점을 지나 지하철역에 가려면 몇 km를 가야 하는지 풀이 과정을 쓰고 답을 구하시오. (5점)

답 _____

2 석기와 동민이는 같은 곳에서 공을 찼습니다. 석기가 찬 공은 $7\frac{1}{5}$ m 날아갔고 동민이가 찬 공은 $5\frac{3}{5}$ m 날아갔습니다. 석기가 찬 공은 동민이가 찬 공보다 몇 m 더 날아갔는지 풀이 과정을 쓰고 답을 구하시오. (5점)

답 _____

3 숫자 카드 7 , 1 , 3 을 모두 사용하여 분모가 10인 가장 작은 대분수와 가장 큰 진분수를 만들고, 만든 두 분수의 차는 얼마인지 풀이 과정을 쓰고 답을 구하시오. (5점)

답 _____

은행나무의 높이는 $2\frac{7}{8}$ m이고 단풍나무의 높이는 $3\frac{1}{8}$ m입니다. 어느 나무가 몇 m 더 높은지 풀이 과정을 쓰고 답을 구하시오. (5점)

서술 길라잡이 두 분수의 크기를 비교한 후 문제의 뜻에 알맞은 식을 세웁니다.

✎ 두 나무의 높이를 비교하면 $2\frac{7}{8} < 3\frac{1}{8}$ 이므로

단풍나무가 $3\frac{1}{8} - 2\frac{7}{8} = 2\frac{9}{8} - 2\frac{7}{8} = (2-2) + (\frac{9}{8} - \frac{7}{8}) = \frac{2}{8}$ (m) 더 높습니다.

답 ___단풍나무, $\frac{2}{8}$ m___

평가 기준	분수의 크기 비교를 바르게 하고 알맞은 계산식을 세운 경우	3점	합 5점
	계산식을 바르게 계산하여 답을 구한 경우	2점	

서술형 완성하기 서술형 풀이를 완성하고 답을 써 보시오.

1 웅이네 반에서 만들기를 하는 데 지점토는 5 kg이 필요하고 찰흙은 $3\frac{4}{5}$ kg이 필요하다고 합니다. 지점토와 찰흙 중에서 어느 것이 몇 kg 더 필요한지 풀이 과정을 쓰고 답을 구하시오.

✎ 지점토와 찰흙의 무게를 비교하면 $5 \bigcirc 3\frac{4}{5}$ 이므로

$\boxed{}$ 가(이) $5 - 3\frac{4}{5} = 4\frac{\boxed{}}{\boxed{}} - 3\frac{4}{5} = (4-3) + (\frac{\boxed{}}{\boxed{}} - \frac{4}{5}) = 1 + \frac{\boxed{}}{\boxed{}} = 1\frac{\boxed{}}{\boxed{}}$ (kg)

더 필요합니다.

답 _____

2 한솔이와 효근이는 팽이 돌리기 시합을 하였습니다. 팽이를 한솔이는 $2\frac{7}{10}$ 분 동안 돌렸고 효근이는 $3\frac{3}{10}$ 분 동안 돌렸습니다. 누가 몇 분 더 돌렸는지 풀이 과정을 쓰고 답을 구하시오.

✎ 두 사람이 팽이를 돌린 시간을 비교하면 $2\frac{7}{10} \bigcirc 3\frac{3}{10}$ 이므로

$\boxed{}$ 이가 $3\frac{3}{10} - 2\frac{7}{10} = 2\frac{\boxed{}}{\boxed{}} - 2\frac{7}{10} = (2-2) + (\frac{\boxed{}}{\boxed{}} - \frac{7}{10}) = \frac{\boxed{}}{\boxed{}}$ (분)

더 돌렸습니다.

답 _____

1 영수의 몸무게는 $33\frac{7}{20}$ kg이고 석기의 몸무게는 $32\frac{9}{20}$ kg입니다. 누구의 몸무게가 몇 kg 더 무거운지 풀이 과정을 쓰고 답을 구하시오. (5점)

답 _____

2 지혜네 집에서 학교까지의 거리는 $1\frac{3}{4}$ km이고, 교회까지의 거리는 $3\frac{2}{4}$ km입니다. 지혜네 집에서는 어느 곳이 몇 km 더 가까운지 풀이 과정을 쓰고 답을 구하시오. (5점)

답 _____

3 색실을 이용하여 꾸미기를 하였습니다. 예슬이는 길이가 4 m인 색실 중에서 $\frac{3}{8}$ m를 사용하였고 신영이는 길이가 $5\frac{5}{8}$ m인 색실 중에서 $1\frac{7}{8}$ m를 사용하였습니다. 사용하고 남은 색실은 누가 몇 m 더 긴지 풀이 과정을 쓰고 답을 구하시오. (6점)

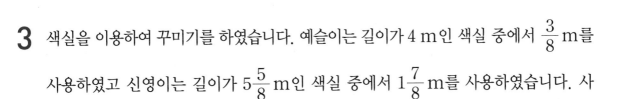

답 _____

길이가 각각 $1\frac{1}{5}$ m와 $1\frac{4}{5}$ m인 색 테이프 2장을 $\frac{2}{5}$ m만큼 겹쳐서 이어 붙였습니다. 이어 붙인 색 테이프의 전체 길이는 몇 m인지 풀이 과정을 쓰고 답을 구하시오. (6점)

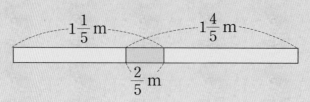

서술 길라잡이 이어 붙인 색 테이프의 전체 길이는 이어 붙이기 전 두 색 테이프의 길이의 합보다 겹쳐진 부분만큼 짧습니다.

✏️ 색 테이프 2장의 길이의 합은 $1\frac{1}{5}+1\frac{4}{5}=(1+1)+(\frac{1}{5}+\frac{4}{5})=2+\frac{5}{5}=2+1=3$ (m) 입니다.

겹쳐진 부분이 1군데이므로 이어 붙인 색 테이프의 전체 길이는

$3-\frac{2}{5}=2\frac{5}{5}-\frac{2}{5}=2+(\frac{5}{5}-\frac{2}{5})=2+\frac{3}{5}=2\frac{3}{5}$ (m)입니다.

답 $2\frac{3}{5}$ m

평가기준		
색 테이프 2장의 길이의 합을 바르게 구한 경우	2점	합 6점
이어 붙인 색 테이프의 전체 길이를 구하는 식을 바르게 세운 경우	2점	
식을 계산하여 답을 구한 경우	2점	

서술형 완성하기 서술형 풀이를 완성하고 답을 써 보시오.

1 길이가 각각 $2\frac{5}{8}$ m와 $1\frac{3}{8}$ m인 색 테이프 2장을 $\frac{4}{8}$ m만큼 겹쳐서 이어 붙였습니다. 이어 붙인 색 테이프의 전체 길이는 몇 m인지 풀이 과정을 쓰고 답을 구하시오.

✏️ 색 테이프 2장의 길이의 합은

$2\frac{5}{8}+1\frac{3}{8}=(2+1)+(\frac{5}{8}+\frac{3}{8})=3+\frac{\square}{\square}=3+\square=\square$ (m)입니다.

겹쳐진 부분이 1군데이므로 이어 붙인 색 테이프의 전체 길이는

$\square-\frac{4}{8}=\square\frac{\square}{\square}-\frac{4}{8}=\square+(\frac{\square}{\square}-\frac{4}{8})=\square+\frac{\square}{\square}=\square\frac{\square}{\square}$ (m)입니다.

답

1 길이가 각각 $7\frac{2}{10}$ cm, $4\frac{9}{10}$ cm인 빨대 2개를 $1\frac{3}{10}$ cm만큼 겹쳐서 묶었습니다. 묶은 빨대의 전체 길이는 몇 cm인지 풀이 과정을 쓰고 답을 구하시오. (6점)

답 _____

2 길이가 각각 10 cm인 색 테이프 3장을 $1\frac{1}{4}$ cm씩 겹쳐서 이어 붙였습니다. 이어 붙인 색 테이프의 전체 길이는 몇 cm인지 풀이 과정을 쓰고 답을 구하시오.(6점)

답 _____

3 길이가 각각 $4\frac{13}{20}$ m, $6\frac{7}{20}$ m인 두 개의 끈을 한 번 묶어 이은 후 길이를 재어 보니 $9\frac{11}{20}$ m였습니다. 이 길이는 묶기 전의 길이의 합보다 얼마나 줄었는지 풀이 과정을 쓰고 답을 구하시오. (6점)

답 _____

1 $12-3\dfrac{5}{7}=8\dfrac{2}{7}$ 의 계산을 2가지 방법으로 설명하시오. (4점)

[방법 1]

[방법 2]

2 웅이와 형은 주말 농장에서 배를 $6\dfrac{3}{5}$ kg 땄습니다. 이것을 무게가 $\dfrac{4}{5}$ kg인 바구니에 담으면 모두 몇 kg이 되는지 풀이 과정을 쓰고 답을 구하시오. (5점)

 답 _____

3 페인트 $10\dfrac{5}{20}$ L 중에서 벽을 칠하는 데 $3\dfrac{9}{20}$ L를 사용하였습니다. 남은 페인트로 바닥을 칠한다면 바닥을 칠하는 데 사용하는 페인트의 양은 몇 L인지 풀이 과정을 쓰고 답을 구하시오. (5점)

답 _____

4 길이가 각각 $6\frac{5}{8}$ cm와 $5\frac{6}{8}$ cm인 색 테이프 2장을 $2\frac{1}{8}$ cm만큼 겹쳐서 이어 붙였습니다. 이어 붙인 색 테이프의 전체 길이는 몇 cm인지 풀이 과정을 쓰고 답을 구하시오. (6점)

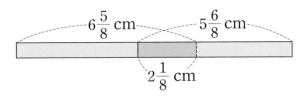

답 _____

5 동민이네 집에서 도서관까지 가려면 학교와 은행 중 어느 곳을 지나 가는 것이 몇 km 더 가까운지 풀이 과정을 쓰고 답을 구하시오. (6점)

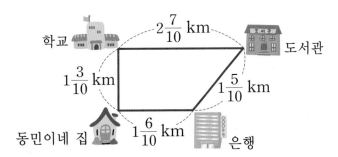

답 _____

다른 그림 찾기
민들레 홀씨 타고

서로 다른 곳 7군데를 찾아보세요.

② 삼각형

 **서술형 탐구**

오른쪽 삼각형 ㄱㄴㄷ은 이등변삼각형입니다. 삼각형의 세 변의 길이의 합은 몇 cm인지 풀이 과정을 쓰고 답을 구하시오. (5점)

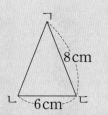

서술 길라잡이 먼저 길이가 같은 두 변을 찾아봅니다.

✏️ 이등변삼각형은 두 변의 길이가 같으므로 (변 ㄱㄴ)=(변 ㄱㄷ)=8 cm입니다.
따라서 삼각형 ㄱㄴㄷ의 세 변의 길이의 합은 8+6+8=22(cm)입니다.

답 _____22 cm_____

평가 기준	변 ㄱㄴ의 길이를 설명한 경우	2점	합 5점
	삼각형의 세 변의 길이의 합을 구한 경우	3점	

서술형 완성하기 서술형 풀이를 완성하고 답을 써 보시오.

1 오른쪽 삼각형 ㄱㄴㄷ은 이등변삼각형입니다. 삼각형의 세 변의 길이의 합은 몇 cm인지 풀이 과정을 쓰고 답을 구하시오.

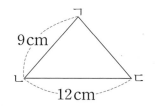

✏️ 이등변삼각형은 두 변의 길이가 같으므로 (변 ㄱㄷ)=(변 ☐)=☐ cm입니다.
따라서 삼각형 ㄱㄴㄷ의 세 변의 길이의 합은 9+12+☐=☐(cm)입니다.

답 _____

2 오른쪽 삼각형 ㄱㄴㄷ은 이등변삼각형입니다. 삼각형의 세 변의 길이의 합이 18 cm일 때, 변 ㄱㄴ의 길이는 몇 cm인지 풀이 과정을 쓰고 답을 구하시오.

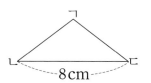

✏️ 이등변삼각형은 두 변의 길이가 같으므로 (변 ㄱㄴ)=(변 ㄱㄷ)이고,
(변 ㄱㄴ)+(변 ㄱㄷ)=☐−8=☐(cm)입니다.
따라서 변 ㄱㄴ의 길이는 ☐÷2=☐(cm)입니다.

답 _____

1 오른쪽 삼각형 ㄱㄴㄷ은 이등변삼각형입니다. 삼각형의 세 변의 길이의 합은 몇 cm인지 풀이 과정을 쓰고 답을 구하시오. (5점)

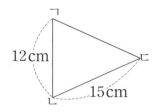

답 _____

2 오른쪽 삼각형 ㄱㄴㄷ은 세 변의 길이의 합이 27 cm인 이등변삼각형입니다. 변 ㄱㄴ의 길이는 몇 cm인지 풀이 과정을 쓰고 답을 구하시오. (5점)

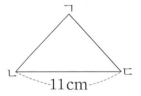

답 _____

3 세 변의 길이의 합이 23 cm인 이등변삼각형이 있습니다. 이 삼각형의 한 변의 길이가 7 cm라고 할 때, 다른 두 변의 길이로 가능한 것을 모두 구하려고 합니다. 풀이 과정을 쓰고 답을 구하시오. (6점)

답 _____

길이가 21 cm인 철사를 남기거나 겹치는 부분이 없도록 구부려서 정삼각형을 한 개 만들었습니다. 한 변의 길이는 몇 cm인지 풀이 과정을 쓰고 답을 구하시오. (5점)

서술 길라잡이	정삼각형의 성질을 이용하여 세 변의 길이의 합이 21 cm인 정삼각형의 한 변의 길이를 알아봅니다.

✎ 정삼각형은 세 변의 길이가 같으므로 한 변의 길이는 21÷3＝7(cm)입니다.

답 _____7 cm_____

평가 기준	정삼각형의 세 변의 길이가 같음을 설명한 경우	2점	합 5점
	한 변의 길이를 구한 경우	3점	

서술형 완성하기　서술형 풀이를 완성하고 답을 써 보시오.

1 길이가 48 cm인 노끈을 남기거나 겹치는 부분이 없도록 사용하여 정삼각형을 한 개 만들었습니다. 한 변의 길이는 몇 cm인지 풀이 과정을 쓰고 답을 구하시오.

✎ 정삼각형은 세 변의 길이가 같으므로 한 변의 길이는

48÷□＝□(cm)입니다.

답 _____

2 오른쪽 이등변삼각형과 둘레가 같은 정삼각형을 만들려고 합니다. 정삼각형의 한 변의 길이를 몇 cm로 해야 하는지 풀이 과정을 쓰고 답을 구하시오.

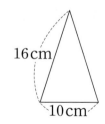

✎ 정삼각형의 세 변의 길이의 합은 이등변삼각형의 세 변의 길이의 합과 같으므로

16＋10＋□＝□(cm)입니다.

따라서 정삼각형은 세 변의 길이가 같으므로 한 변의 길이를

□÷3＝□(cm)로 해야 합니다.

답 _____

1 길이가 15 cm인 철사를 남기거나 겹치는 부분이 없도록 구부려서 정삼각형을 한 개 만들었습니다. 한 변의 길이는 몇 cm인지 풀이 과정을 쓰고 답을 구하시오. (5점)

답 _____

2 길이가 72 cm인 철사를 남기거나 겹치는 부분이 없도록 사용하여 크기가 같은 정삼각형을 2개 만들었습니다. 만든 정삼각형의 한 변의 길이는 몇 cm인지 풀이 과정을 쓰고 답을 구하시오. (6점)

답 _____

3 이등변삼각형 가와 둘레가 같은 정삼각형 ㉮와 정사각형 나와 둘레가 같은 정삼각형 ㉯를 각각 한 개씩 만들었습니다. ㉮와 ㉯의 한 변의 길이의 차는 몇 cm인지 풀이 과정을 쓰고 답을 구하시오. (6점)

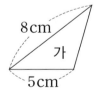
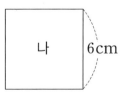

답 _____

오른쪽 삼각형 ㄱㄴㄷ은 이등변삼각형입니다. 각 ㄴㄷㄱ의 크기는 몇 도인지 풀이 과정을 쓰고 답을 구하시오. (5점)

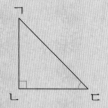

서술 길라잡이 이등변삼각형의 성질과 삼각형의 세 각의 크기의 합을 이용합니다.

🖉 이등변삼각형은 두 각의 크기가 같으므로 (각 ㄴㄱㄷ)=(각 ㄴㄷㄱ)입니다.

삼각형의 세 각의 크기의 합은 $180°$이므로

(각 ㄴㄱㄷ)+(각 ㄴㄷㄱ)=$180° - 90° = 90°$입니다.

따라서 (각 ㄴㄷㄱ)=$90° ÷ 2 = 45°$입니다.

답 $45°$

평가기준	크기가 같은 두 각을 설명하고, 두 각도의 합을 구한 경우	2점	합 5점
	각 ㄴㄷㄱ의 크기를 구한 경우	3점	

서술형 완성하기

서술형 풀이를 완성하고 답을 써 보시오.

1 오른쪽 삼각형 ㄱㄴㄷ은 이등변삼각형입니다. 각 ㄱㄴㄷ의 크기는 몇 도인지 풀이 과정을 쓰고 답을 구하시오.

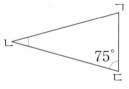

🖉 이등변삼각형은 두 각의 크기가 같으므로 (각 ㄴㄱㄷ)=(각 ☐)=☐ °입니다.

따라서 (각 ㄱㄴㄷ)=$180° - 75° -$ ☐ °=☐ °입니다.

답 ＿＿＿＿＿＿＿

2 오른쪽 삼각형 ㄱㄴㄷ은 정삼각형입니다. ㉠은 몇 도인지 풀이 과정을 쓰고 답을 구하시오.

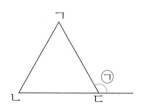

🖉 정삼각형은 세 각의 크기가 모두 같으므로 한 각의 크기는 ☐ °입니다.

따라서 ㉠=$180° -$ ☐ °=☐ °입니다.

답 ＿＿＿＿＿＿＿

1 오른쪽 삼각형에서 ㉠과 ㉡의 합은 몇 도인지 풀이 과정을 쓰고 답을 구하시오. (5점)

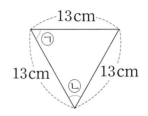

답 _____

2 오른쪽 삼각형 ㄱㄴㄷ은 이등변삼각형입니다. 각 ㄴㄱㄷ의 크기는 몇 도인지 풀이 과정을 쓰고 답을 구하시오. (5점)

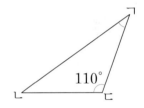

답 _____

3 오른쪽 삼각형 ㄱㄴㄷ은 이등변삼각형입니다. ㉠은 몇 도인지 풀이 과정을 쓰고 답을 구하시오. (6점)

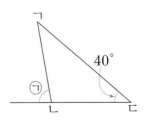

답 _____

어느 삼각형의 두 각의 크기를 재어 보았더니 각각 35°, 50°였습니다. 이 삼각형은 예각삼각형, 직각삼각형, 둔각삼각형 중에서 어떤 삼각형인지 설명하시오. (5점)

서술 길라잡이 삼각형의 나머지 한 각의 크기를 구한 후 세 각을 예각, 직각, 둔각으로 구분하여 판단합니다.

✏️ (나머지 한 각의 크기)$= 180° - 35° - 50° = 95°$

따라서 삼각형의 한 각이 둔각이므로 둔각삼각형입니다.

답   둔각삼각형

평가기준			합
삼각형의 나머지 한 각의 크기를 구한 경우	2점		5점
삼각형의 이름을 설명한 경우	3점		

서술형 완성하기   서술형 풀이를 완성하고 답을 써 보시오.

1 어느 삼각형의 두 각의 크기를 재어 보았더니 각각 25°, 70°였습니다. 이 삼각형은 예각삼각형, 직각삼각형, 둔각삼각형 중에서 어떤 삼각형인지 설명하시오.

✏️ (나머지 한 각의 크기)$= 180° - 25° - 70° = \boxed{}°$

따라서 삼각형의 세 각이 모두 (예각, 직각, 둔각)이므로
(예각삼각형, 직각삼각형, 둔각삼각형)입니다.   **답** _____

2 다음의 순서대로 삼각형을 그렸습니다. 그려진 삼각형의 이름은 무엇인지 설명하시오.

- 길이가 5 cm인 선분 ㄱㄴ을 긋습니다.
- 점 ㄱ을 꼭짓점으로 하여 50°인 각을 그립니다.
- 점 ㄴ을 꼭짓점으로 하여 40°인 각을 그립니다.
- 두 각의 변이 만나는 점을 이어 삼각형을 그립니다.

✏️ 삼각형의 두 각이 각각 50°, 40°이므로 나머지 한 각의 크기는 $180° - 50° - 40° = \boxed{}°$
입니다.

따라서 삼각형의 세 각 중 한 각이 (예각, 직각, 둔각)이므로
(예각삼각형, 직각삼각형, 둔각삼각형)입니다.   **답** _____

1 어느 삼각형의 두 각의 크기를 재어 보았더니 각각 40°, 60°였습니다. 이 삼각형은 예각삼각형, 직각삼각형, 둔각삼각형 중에서 어떤 삼각형인지 설명하시오. (5점)

답 _____

2 다음의 순서대로 삼각형을 그렸습니다. 그려진 삼각형의 이름은 무엇인지 설명하시오. (5점)

> • 길이가 7 cm인 선분 ㄱㄴ을 긋습니다.
> • 점 ㄱ을 꼭짓점으로 하여 30°인 각을 그립니다.
> • 점 ㄴ을 꼭짓점으로 하여 25°인 각을 그립니다.
> • 두 각의 변이 만나는 점을 이어 삼각형을 그립니다.

답 _____

3 삼각형의 세 각 중에서 두 각의 크기를 나타낸 것입니다. 예각삼각형은 모두 몇 개인지 풀이 과정을 쓰고 답을 구하시오. (5점)

> ㉠ 85°, 45°   ㉡ 25°, 65°   ㉢ 40°, 30°   ㉣ 50°, 55°

답 _____

오른쪽 그림에서 찾을 수 있는 크고 작은 예각삼각형은 모두 몇 개
인지 풀이 과정을 쓰고 답을 구하시오. (5점)

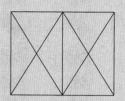

서술 길라잡이 삼각형 1개, 4개로 이루어진 예각삼각형을 찾아봅니다.

✎ 삼각형 1개로 이루어진 예각삼각형 : 4개

삼각형 4개로 이루어진 예각삼각형 : 2개

따라서 크고 작은 예각삼각형은 모두 4+2=6(개)입니다.

답   6개

평가기준	삼각형 1개, 4개로 이루어진 예각삼각형으로 구분하여 설명한 경우	2점	합 5점
	크고 작은 예각삼각형의 개수를 모두 구한 경우	3점	

서술형 완성하기   서술형 풀이를 완성하고 답을 써 보시오.

1 오른쪽 그림에서 찾을 수 있는 크고 작은 정삼각형은 모두 몇 개인
지 풀이 과정을 쓰고 답을 구하시오.

✎ 삼각형 1개로 이루어진 정삼각형 : 9개

삼각형 4개로 이루어진 정삼각형 : ☐개

삼각형 9개로 이루어진 정삼각형 : 1개

따라서 크고 작은 정삼각형은 모두 9+☐+1=☐(개)입니다.

답

2 오른쪽 그림에서 찾을 수 있는 크고 작은 둔각삼각형은 모두 몇
개인지 풀이 과정을 쓰고 답을 구하시오.

✎ 삼각형 1개로 이루어진 둔각삼각형 : 2개

삼각형 2개로 이루어진 둔각삼각형 : ☐개

따라서 크고 작은 둔각삼각형은 모두 2+☐=☐(개)입니다.

답

1 오른쪽 그림에서 찾을 수 있는 크고 작은 예각삼각형은 모두 몇 개인지 풀이 과정을 쓰고 답을 구하시오. (5점)

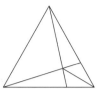

답 _____

2 오른쪽 그림에서 찾을 수 있는 크고 작은 둔각삼각형은 모두 몇 개인지 풀이 과정을 쓰고 답을 구하시오. (5점)

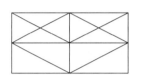

답 _____

3 오른쪽 그림에서 찾을 수 있는 크고 작은 정삼각형은 모두 몇 개인지 풀이 과정을 쓰고 답을 구하시오. (5점)

답 _____

① 오른쪽 삼각형 ㄱㄴㄷ은 이등변삼각형입니다. 삼각형의 세 변의 길이의 합은 몇 cm인지 풀이 과정을 쓰고 답을 구하시오. (5점)

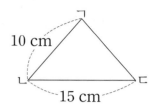

답 _____

② 세 변의 길이의 합이 35 cm인 이등변삼각형이 있습니다. 이 삼각형의 한 변의 길이가 15 cm라고 할 때, 다른 두 변의 길이로 가능한 것을 모두 구하려고 합니다. 풀이 과정을 쓰고 답을 구하시오. (6점)

답 _____

③ 길이가 48 cm인 철사를 남기거나 겹치는 부분이 없도록 구부려서 정삼각형을 한 개 만들었습니다. 한 변의 길이는 몇 cm인지 풀이 과정을 쓰고 답을 구하시오. (5점)

답 _____

4 오른쪽 삼각형 ㄱㄴㄷ은 이등변삼각형입니다. ㉠은 몇 도 인지 풀이 과정을 쓰고 답을 구하시오. (6점)

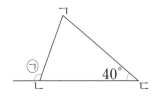

답 _____

5 어느 삼각형의 두 각의 크기를 재어 보았더니 각각 30°, 50°였습니다. 이 삼각형은 예각삼각형, 둔각삼각형, 직각삼각형 중에서 어떤 삼각형인지 설명하시오. (5점)

답 _____

6 오른쪽 그림에서 찾을 수 있는 크고 작은 예각삼각형은 모두 몇 개인지 풀이 과정을 쓰고 답을 구하시오. (5점)

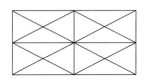

답 _____

다른 그림 찾기
신나는 급류 타기

서로 다른 곳 7군데를 찾아보세요.

③ 소수의 덧셈과 뺄셈

다음에서 설명하는 수를 소수로 나타내면 얼마인지 풀이 과정을 쓰고 답을 구하시오. (5점)

1이 16개, 0.1이 5개, 0.01이 3개인 수

서술 길라잡이 먼저 각 수의 크기를 알아봅니다.

✏ 1이 16개이면 16, 0.1이 5개이면 0.5, 0.01이 3개이면 0.03입니다.
따라서 설명하는 수를 소수로 나타내면 16.53입니다.

답 _____16.53_____

평가기준	각 수의 크기를 모두 바르게 설명한 경우	2점	합 5점
	소수로 바르게 나타낸 경우	3점	

서술형 **완성하기** 서술형 풀이를 완성하고 답을 써 보시오.

1 10이 8개, 0.1이 42개, 0.01이 5개인 수를 소수로 나타내면 얼마인지 풀이 과정을 쓰고 답을 구하시오.

✏ 10이 8개이면 80, 0.1이 42개이면 ☐, 0.01이 5개이면 ☐ 입니다.

따라서 소수로 나타내면 ☐ 입니다.

답 _____

2 다음에서 설명하는 수를 소수로 나타내면 얼마인지 풀이 과정을 쓰고 답을 구하시오.

1이 5개, $\frac{1}{10}$이 8개, $\frac{1}{1000}$이 29개인 수

✏ 1이 5개이면 5, $\frac{1}{10}$이 8개이면 0.1이 8개이므로 ☐, $\frac{1}{1000}$이 29개이면 0.001이 29개

이므로 ☐ 입니다.

따라서 설명하는 수를 소수로 나타내면 ☐ 입니다.

답 _____

1 10이 3개, 1이 5개, 0.01이 18개, 0.001이 6개인 수를 소수로 나타내면 얼마인지 풀이 과정을 쓰고 답을 구하시오. (5점)

답 _____

2 다음에서 설명하는 수를 소수로 나타내면 얼마인지 풀이 과정을 쓰고 답을 구하시오. (5점)

> 10이 6개, 0.1이 49개, $\dfrac{1}{100}$이 7개인 수

답 _____

3 다음에서 설명하는 수를 소수로 나타내면 얼마인지 풀이 과정을 쓰고 답을 구하시오. (5점)

> 1이 6개, $\dfrac{1}{10}$이 14개, 0.01이 8개, $\dfrac{1}{1000}$이 3개인 수

답 _____

서술형 탐구

37 m＝0.037 km입니다. 그 이유를 설명하시오. (4점)

서술 길라잡이 1 km＝1000 m임을 이용합니다.

✎ 1 km＝1000 m이므로 1 m＝$\frac{1}{1000}$ km＝0.001 km입니다.

따라서 37 m＝$\frac{37}{1000}$ km＝0.037 km입니다.

평가 기준	1 m＝0.001 km임을 설명한 경우	2점	합 4점
	37 m＝0.037 km인 이유를 설명한 경우	2점	

서술형 완성하기 서술형 풀이를 완성하고 답을 써 보시오.

1 192 m는 몇 km인지 소수로 나타내는 방법을 설명하시오.

✎ 1 km＝1000 m이므로 1 m＝$\frac{1}{1000}$ km＝□ km입니다.

따라서 192 m＝$\frac{□}{1000}$ km＝□ km입니다.

답 _____

2 86 cm는 몇 m인지 소수로 나타내는 방법을 설명하시오.

✎ 1 m＝100 cm이므로 1 cm＝$\frac{1}{100}$ m＝□ m입니다.

따라서 86 cm＝$\frac{□}{100}$ m＝□ m입니다.

답 _____

3 576 g은 몇 kg인지 소수로 나타내는 방법을 설명하시오.

✎ 1 kg＝1000 g이므로 1 g＝$\frac{1}{1000}$ kg＝□ kg입니다.

따라서 576 g＝$\frac{□}{1000}$ kg＝□ kg입니다.

답 _____

1 6090 m는 몇 km인지 소수로 나타내는 방법을 설명하시오. (4점)

답 _____

2 단위 사이의 관계를 <u>잘못</u> 나타낸 것을 찾아 기호를 쓰고 이유를 설명하시오. (5점)

> ㉠ 50 mL＝0.05 L   ㉡ 308 cm＝3.8 m

답 _____

3 학교 운동장에 있는 철봉과 구름사다리 사이의 거리는 700 cm입니다. 철봉과 구름사다리 사이의 거리는 소수로 몇 km인지 풀이 과정을 쓰고 답을 구하시오. (5점)

답 _____

서술형 탐구

3. 소수의 덧셈과 뺄셈 (3)

㉠이 나타내는 값은 ㉡이 나타내는 값의 몇 배인지 풀이 과정을 쓰고 답을 구하시오.

(5점)

$$3.\underset{㉠}{8}\,3\,\underset{㉡}{8}$$

서술 길라잡이 ㉠과 ㉡이 나타내는 값을 알아봅니다.

🖉 ㉠은 소수 첫째 자리 숫자이므로 0.8을 나타내고 ㉡은 소수 셋째 자리 숫자이므로 0.008을 나타냅니다. ➡ 0.8은 0.008의 100배입니다.

따라서 ㉠이 나타내는 값은 ㉡이 나타내는 값의 100배입니다.

답 _____100배_____

평가 기준	㉠과 ㉡이 나타내는 값을 바르게 설명한 경우	2점	합 5점
	㉠이 나타내는 값은 ㉡이 나타내는 값의 몇 배인지 구한 경우	3점	

서술형 완성하기   서술형 풀이를 완성하고 답을 써 보시오.

1 ㉠이 나타내는 값은 ㉡이 나타내는 값의 몇 배인지 풀이 과정을 쓰고 답을 구하시오.

$$5\,\underset{㉠}{2}.\,9\,\underset{㉡}{2}\,1$$

🖉 ㉠은 일의 자리 숫자이므로 2를 나타내고 ㉡은 소수 둘째 자리 숫자이므로 ☐를 나타냅니다. ➡ 2는 ☐의 ☐배입니다.

따라서 ㉠이 나타내는 값은 ㉡이 나타내는 값의 ☐배입니다.

답 _____

2 ㉠이 나타내는 값은 ㉡이 나타내는 값의 몇 배인지 풀이 과정을 쓰고 답을 구하시오.

$$\underset{㉠}{6}\,0.\,4\,\underset{㉡}{6}\,7$$

🖉 ㉠은 십의 자리 숫자이므로 60을 나타내고 ㉡은 소수 둘째 자리 숫자이므로 ☐을 나타냅니다. ➡ 60은 ☐의 ☐배입니다.

따라서 ㉠이 나타내는 값은 ㉡이 나타내는 값의 ☐배입니다.

답 _____

1 ㉠이 나타내는 값은 ㉡이 나타내는 값의 몇 배인지 풀이 과정을 쓰고 답을 구하시오. (5점)

9. 4 0 <u>9</u>
㉠   ㉡

답 _____

2 ㉠이 나타내는 값은 ㉡이 나타내는 값의 몇 배인지 풀이 과정을 쓰고 답을 구하시오. (5점)

0. <u>8</u> <u>8</u> 2
 ㉠㉡

답 _____

3 71.603에서 숫자 7이 나타내는 값은 8.794에서 숫자 7이 나타내는 값의 몇 배인지 풀이 과정을 쓰고 답을 구하시오. (5점)

답 _____

어머니는 시장에서 감자 0.56 kg과 고구마 710 g을 사 오셨습니다. 어머니가 사 온 감자와 고구마 중 어느 것이 더 무거운지 kg 단위로 나타내어 설명하시오. (6점)

> **서술 길라잡이** 먼저 고구마의 무게를 kg 단위로 고친 후 무게를 나타내는 두 소수의 크기를 비교합니다.

🖊 1 g＝0.001 kg이므로 710 g＝0.71 kg입니다.

따라서 0.56＜0.71이므로 고구마가 더 무겁습니다.

답 ___고구마___

평가기준	고구마의 무게를 kg 단위로 고친 경우	3점	합 6점
	감자와 고구마의 무게를 비교하여 더 무거운 것을 구한 경우	3점	

서술형 완성하기 서술형 풀이를 완성하고 답을 써 보시오.

1 헌 종이를 한별이는 3.39 kg 모았고 효근이는 3.51 kg 모았습니다. 한별이와 효근이 중에서 헌 종이를 더 많이 모은 사람은 누구인지 설명하시오.

🖊 두 수 3.39와 3.51의 크기를 비교하면 일의 자리 숫자는 같고 소수 첫째 자리 숫자가

☐ ◯ 5이므로 3.39 ◯ 3.51입니다.

따라서 헌 종이를 더 많이 모은 사람은 ☐ 입니다.

답 _____

2 신영이는 길이가 0.825 m인 색 테이프를 가지고 있고 예슬이는 길이가 80.9 cm인 색 테이프를 가지고 있습니다. 신영이와 예슬이 중에서 더 긴 색 테이프를 가지고 있는 사람은 누구인지 cm 단위로 나타내어 설명하시오.

🖊 1 m＝100 cm이므로 0.825 m＝ ☐ cm입니다.

따라서 ☐ ◯ 80.9이므로 더 긴 색 테이프를 가지고 있는 사람은 ☐ 입니다.

답 _____

1 가영이와 동민이가 자전거 타기 시합을 했습니다. 30분 동안 가영이는 8.873 km를 달렸고, 동민이는 8.92 km를 달렸습니다. 누가 더 빨리 달렸는지 설명하시오. (5점)

2 한솔이의 키는 138 cm이고 효근이의 키는 1.45 m입니다. 한솔이와 효근이 중에서 키가 더 큰 사람은 누구인지 m 단위로 나타내어 설명하시오. (6점)

3 과학 시간에 디지털 저울로 물건의 무게를 재어 기록한 표입니다. 세 물건의 무게를 kg 단위로 나타내어 비교하고, 가장 무거운 물건부터 차례로 쓰시오. (6점)

비커	필통	스케치북
0.394 kg	526 g	0.48 kg

서술형 탐구

㉠과 ㉡ 중 더 큰 수는 어느 것인지 쓰고 이유를 설명하시오. (5점)

> ㉠ 1.76의 100배인 수   ㉡ 176의 $\frac{1}{10}$인 수

서술 길라잡이 먼저 1.76의 100배, 176의 $\frac{1}{10}$인 수를 각각 구합니다.

✏️ 1.76의 100배인 수는 176이고 176의 $\frac{1}{10}$인 수는 17.6입니다.

따라서 176 > 17.6이므로 더 큰 수는 ㉠입니다.

답 ㉠

평가 기준	두 수를 각각 바르게 설명한 경우	2점	합 5점
	두 수의 크기를 비교하여 더 큰 수를 찾은 경우	3점	

서술형 완성하기

서술형 풀이를 완성하고 답을 써 보시오.

1 ㉠과 ㉡ 중 더 작은 수는 어느 것인지 쓰고 이유를 설명하시오.

> ㉠ 0.04의 10배인 수   ㉡ 400의 $\frac{1}{100}$인 수

✏️ 0.04의 10배인 수는 ☐이고 400의 $\frac{1}{100}$인 수는 4입니다.

따라서 ☐ ◯ 4이므로 더 작은 수는 (㉠, ㉡)입니다.

답 _____

2 두 수의 크기를 비교한 것입니다. 두 수가 같은 이유를 설명하시오.

> 17.4의 $\frac{1}{10}$인 수 ⊜ 0.174의 10배인 수

✏️ 17.4의 $\frac{1}{10}$인 수는 ☐이고 0.174의 10배인 수는 ☐입니다.

따라서 두 수는 같습니다.

1 ㉠과 ㉡ 중 더 큰 수는 어느 것인지 쓰고 이유를 설명하시오. (5점)

> ㉠ 53.9의 10배인 수 ㉡ 539의 $\frac{1}{100}$인 수

답 _____

2 크기를 비교하여 가장 큰 수부터 차례로 기호를 쓰고 이유를 설명하시오. (5점)

> ㉠ 0.4의 100배인 수 ㉡ 400의 $\frac{1}{1000}$인 수 ㉢ 0.004의 1000배인 수

답 _____

3 미술 시간에 철사를 사용하여 만들기를 하는데 상연이는 28 m의 $\frac{1}{100}$만큼을 사용하였고 동민이는 208 m의 $\frac{1}{1000}$만큼을 사용하였습니다. 누가 철사를 더 많이 사용하였는지 설명하시오. (6점)

답 _____

 서술형 탐구

3. 소수의 덧셈과 뺄셈 (6)

계산에서 잘못된 곳을 찾아 이유를 설명하고 바르게 계산하시오. (4점)

$$\begin{array}{r} 1.7 \\ + 2.5 \\ \hline 3.12 \end{array}$$ ➡

서술 길라잡이 받아올림을 생각하였는지 살펴봅니다.

✎
$$\begin{array}{r} 1 \\ 1.7 \\ + 2.5 \\ \hline 4.2 \end{array}$$

받아올림이 바르게 되지 않았습니다.
소수 첫째 자리 숫자끼리의 합이 10이거나 10보다 크면 일의 자리로 받아올림 해야 합니다.

평가기준			합
잘못된 이유를 바르게 설명한 경우	2점		4점
바르게 계산한 경우	2점		

서술형 완성하기 서술형 풀이를 완성하시오.

1 계산에서 잘못된 곳을 찾아 이유를 설명하고 바르게 계산하시오.

$$\begin{array}{r} 3.7\ 2 \\ + 2\ 1.9 \\ \hline 5\ 9.1 \end{array}$$ ➡

✎ ☐ 의 자리를 맞추지 않고 계산하였습니다.

2 계산에서 잘못된 곳을 찾아 이유를 설명하고 바르게 계산하시오.

$$\begin{array}{r} 8.41 \\ - 3.9 \\ \hline 5.51 \end{array}$$ ➡

✎ 소수 첫째 자리 숫자끼리 뺄 수 없어 ☐ 의 자리에서 받아내림하면 ☐ 의 자리 숫자는
$8-$ ☐ $-3=$ ☐ 가 되어야 합니다.

1 계산에서 <u>잘못된</u> 곳을 찾아 이유를 설명하고 바르게 계산하시오. (4점)

$$\begin{array}{r} 1\ 5 \\ -\ 1.2 \\ \hline 0.3 \end{array}$$ ➡

2 계산에서 <u>잘못된</u> 곳을 찾아 이유를 설명하고 바르게 계산하시오. (4점)

$$\begin{array}{r} 4.68 \\ +\ 3.55 \\ \hline 7.13 \end{array}$$ ➡

3 계산에서 <u>잘못된</u> 곳을 찾아 이유를 설명하고 바르게 계산하시오. (4점)

$$\begin{array}{r} 23.9 \\ -\ 4.87 \\ \hline 19.17 \end{array}$$ ➡

서술형 탐구

8.52−7.9=0.62를 2가지 방법으로 설명하시오. (4점)

서술 길라잡이 | 0.01 단위의 개수로 계산하는 방법, 그림을 이용하는 방법, 자연수 부분과 소수 부분으로 나누어 계산하는 방법, 세로 형식 등 여러 가지 방법으로 설명할 수 있습니다.

✎ [방법 1] 0.01 단위의 개수로 계산합니다.

8.52는 0.01이 852개이고 7.9는 0.01이 790개입니다.

따라서 8.52−7.9는 0.01이 852−790=62(개)이므로 8.52−7.9=0.62입니다.

[방법 2] 자연수 부분과 소수 부분으로 나누어 계산합니다.

8.52−7.9=(7+1.52)−(7+0.9)=(7−7)+(1.52−0.9)=0.62

평가 기준 | 1가지 방법을 설명할 때마다 2점씩 배점하여 총 4점이 되도록 평가합니다. | 합 4점

서술형 완성하기   서술형 풀이를 완성하시오.

1 1.2−0.5=0.7을 아래 그림을 이용하여 설명하시오.

0 0.1 0.2 0.3 0.4 0.5 0.6 0.7 0.8 0.9 1 1.1 1.2 1.3 1.4 1.5

✎ 1.2만큼 색칠하고 0.5만큼 × 표로 지우면 색칠한 부분에서 남는 부분은 ☐칸입니다.

따라서 1.2−0.5=☐입니다.

2 3.945+1.76=5.705를 2가지 방법으로 설명하시오.

✎ [방법 1] 0.001 단위의 개수로 계산합니다.

3.945는 0.001이 3945개이고 1.76은 0.001이 ☐개입니다.

따라서 3.945+1.76은 0.001이 3945+☐=☐(개)이므로

3.945+1.76=☐입니다.

[방법 2] 자연수 부분과 소수 부분으로 나누어 계산합니다.

3.945+1.76=(3+0.945)+(1+☐)=(3+1)+(0.945+☐)

=4+☐=☐

1 오른쪽 그림에서 가장 작은 사각형 1개의 크기를 0.01이라고 할 때 0.42+0.35는 얼마인지 그림을 이용하여 설명하고 답을 구하시오. (4점)

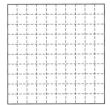

답 _____

2 3.7+2.84=6.54를 2가지 방법으로 설명하시오. (4점)

[방법 1]

[방법 2]

3 9.1-4.762=4.338를 2가지 방법으로 설명하시오. (4점)

[방법 1]

[방법 2]

서술형 탐구

지혜는 동생의 생일에 무게가 0.47 kg인 상자에 0.65 kg인 장난감을 넣어 선물하려고 합니다. 장난감을 넣은 상자의 무게는 몇 kg인지 풀이 과정을 쓰고 답을 구하시오. (5점)

> **서술 길라잡이** 덧셈식을 세울 것인지 뺄셈식을 세울 것인지 판단합니다.

✎ 장난감과 상자 전체의 무게를 묻는 것이므로 덧셈식을 세워 답을 구합니다.
(상자의 무게)+(장난감의 무게)=0.47+0.65=1.12(kg)
따라서 장난감을 넣은 상자의 무게는 1.12 kg입니다.

답 ___1.12 kg___

평가기준	문제의 상황에 알맞은 계산식을 세운 경우	3점	합 5점
	계산식을 바르게 계산하여 답을 구한 경우	2점	

서술형 완성하기 서술형 풀이를 완성하고 답을 써 보시오.

1 웅이는 자연 체험 학습장에서 고구마 5.3 kg을 캤습니다. 어머니께서는 그중에서 2.96 kg으로 맛탕을 만들어 주셨습니다. 남은 고구마의 무게는 몇 kg인지 풀이 과정을 쓰고 답을 구하시오.

✎ 사용하고 남은 고구마의 무게를 묻는 것이므로 (덧셈식, 뺄셈식)을 세워 답을 구합니다.
(처음에 있던 고구마의 무게)−(맛탕을 만드는 데 사용한 고구마의 무게)
=5.3−☐=☐(kg)
따라서 남은 고구마의 무게는 ☐ kg입니다.

답 _____

2 작년에 예슬이의 키는 150.3 cm였습니다. 올해는 작년보다 키가 1.8 cm 자랐습니다. 올해 예슬이의 키는 몇 cm인지 풀이 과정을 쓰고 답을 구하시오.

✎ 올해는 작년보다 키가 더 컸으므로 (덧셈식, 뺄셈식)을 세워 답을 구합니다.
(올해 예슬이의 키)=(작년 예슬이의 키)+1.8=☐+1.8=☐(cm)
따라서 올해 예슬이의 키는 ☐ cm입니다.

답 _____

1 동민이의 몸무게는 52 kg이고 한초는 동민이보다 6.4 kg 가볍다고 합니다. 한초의 몸무게는 몇 kg인지 풀이 과정을 쓰고 답을 구하시오. (5점)

 답 _____

2 100 m를 석기는 19.83초, 예슬이는 19.27초에 달렸습니다. 누가 몇 초 더 빨리 달렸는지 풀이 과정을 쓰고 답을 구하시오. (5점)

 답 _____

3 한별이네 집에서 각 장소까지의 거리를 나타낸 표입니다. 지하철역에서 서점까지 가려면 한별이네 집을 반드시 지나가야 합니다. 지하철역에서 서점까지의 거리는 몇 km인지 풀이 과정을 쓰고 답을 구하시오. (5점)

장소	지하철역	편의점	서점
거리	1.894 km	2 km	0.75 km

답 _____

빨간색 테이프의 길이는 0.76 m이고 초록색 테이프의 길이는 93 cm입니다. 초록색 테이프의 길이는 빨간색 테이프의 길이보다 몇 m 더 긴지 풀이 과정을 쓰고 답을 구하시오. (5점)

서술 길라잡이 '몇 m'로 답해야 하므로 먼저 초록색 테이프의 길이를 m 단위로 나타낸 후 덧셈식을 세울 것인지 뺄셈식을 세울 것인지 판단합니다.

🖉 초록색 테이프의 길이를 m 단위로 나타내면 93 cm=0.93 m입니다.

두 색 테이프의 길이의 차를 묻는 문제이므로 뺄셈식을 세워 답을 구합니다.

(초록색 테이프의 길이)−(빨간색 테이프의 길이)=0.93−0.76=0.17(m)

따라서 초록색 테이프의 길이는 빨간색 테이프의 길이보다 0.17 m 더 깁니다.

답 ___0.17 m___

평가기준			합 5점
단위를 통일하고 문제의 상황에 알맞은 계산식을 세운 경우	3점		
계산식을 바르게 계산하여 답을 구한 경우	2점		

서술형 완성하기 서술형 풀이를 완성하고 답을 써 보시오.

1 일주일 동안 석기가 모은 폐휴지는 450 g이고 지혜가 모은 폐휴지는 0.8 kg입니다. 두 사람이 모은 폐휴지는 모두 몇 kg인지 풀이 과정을 쓰고 답을 구하시오.

🖉 석기가 모은 폐휴지의 무게를 kg 단위로 나타내면 450 g=☐ kg입니다.

두 사람이 모은 폐휴지의 전체 무게를 묻는 문제이므로 (덧셈식, 뺄셈식)을 세워 답을 구합니다.

(석기가 모은 폐휴지의 무게)+(지혜가 모은 폐휴지의 무게)=☐+0.8=☐(kg)

따라서 두 사람이 모은 폐휴지는 모두 ☐ kg입니다. **답** _____

2 길이가 1.5 m인 리본 중에서 60 cm를 잘라서 선물을 포장하는 데 사용하였습니다. 남은 리본은 몇 m인지 풀이 과정을 쓰고 답을 구하시오.

🖉 사용한 리본의 길이를 m 단위로 나타내면 60 cm=☐ m입니다.

사용하고 남은 리본의 길이를 묻는 문제이므로 (덧셈식, 뺄셈식)을 세워 답을 구합니다.

(처음 리본의 길이)−(사용한 리본의 길이)=1.5−☐=☐(m)

따라서 남은 리본은 ☐ m입니다. **답** _____

1 샴푸가 들어 있는 통의 무게를 재어 보니 0.82 kg이었습니다. 빈 통의 무게가 145 g이라면 샴푸만의 무게는 몇 kg인지 풀이 과정을 쓰고 답을 구하시오. (5점)

 답 _____

2 집에서 은행까지의 거리는 1.395 km이고 은행에서 우체국까지의 거리는 860 m 입니다. 집에서 은행을 거쳐 우체국까지의 거리는 모두 몇 km인지 풀이 과정을 쓰고 답을 구하시오. (5점)

 답 _____

3 연습장의 세로는 25.7 cm이고 가로는 세로보다 70 mm 짧습니다. 이 연습장의 가로와 세로의 길이의 합은 몇 cm인지 풀이 과정을 쓰고 답을 구하시오. (5점)

 답 _____

가영이는 몸무게를 재어보니 지난달보다 0.52 kg 더 늘어 41.8 kg이 되었습니다. 지난달 몸무게는 몇 kg인지 풀이 과정을 쓰고 답을 구하시오. (6점)

> **서술 길라잡이** 구하려는 것을 ☐로 하여 식을 세우고 덧셈과 뺄셈의 관계를 이용하여 ☐를 구합니다.

✏ 지난달 몸무게를 ☐ kg이라고 하면

☐＋0.52＝41.8에서 ☐＝41.8－0.52＝41.28(kg)입니다.

따라서 지난달 몸무게는 41.28 kg입니다.

답   41.28 kg

평가 기준	구하려는 것을 ☐로 하여 문제의 상황에 알맞은 식을 세운 경우	3점	합 6점
	덧셈과 뺄셈의 관계를 이용하여 ☐를 바르게 구한 경우	3점	

서술형 완성하기   서술형 풀이를 완성하고 답을 써 보시오.

1 영수는 가지고 있는 고무줄 중에서 0.74 m를 동생에게 주었더니 0.29 m가 남았습니다. 영수가 처음에 가지고 있던 고무줄의 길이는 몇 m인지 풀이 과정을 쓰고 답을 구하시오.

✏ 영수가 처음에 가지고 있던 고무줄의 길이를 ■ m라고 하면

■ －0.74＝ ☐ 에서 ■ ＝ ☐ ＋0.74＝ ☐ (m)입니다.

따라서 영수가 처음에 가지고 있던 고무줄의 길이는 ☐ m입니다.

답 _____

2 신영이네 모둠에서 폐휴지를 지난달에 8.9 kg, 이번 달에 몇 kg 모았더니 두 달 동안 모은 폐휴지가 모두 13.615 kg이 되었습니다. 신영이네 모둠에서 이번 달에 모은 폐휴지의 무게는 몇 kg인지 풀이 과정을 쓰고 답을 구하시오.

✏ 신영이네 모둠에서 이번 달에 모은 폐휴지의 무게를 ■ kg이라고 하면

☐ ＋ ■ ＝13.615에서 ■ ＝13.615－ ☐ ＝ ☐ (kg)입니다.

따라서 신영이네 모둠에서 이번 달에 모은 폐휴지의 무게는 ☐ kg입니다.

답 _____

1 예슬이네 가족은 주말마다 자연 체험 학습장에 가서 밭을 가꾸고 있습니다. 어느 날 비료 8.6 kg을 사서 밭에 뿌렸더니 3.92 kg이 남았습니다. 밭에 뿌린 비료는 몇 kg인지 풀이 과정을 쓰고 답을 구하시오. (6점)

답 _____

2 100 m 달리기를 하는데 웅이는 한별이보다 2.4초 늦게 달렸습니다. 웅이의 100 m 달리기 기록이 18.05초라면 한별이의 달리기 기록은 몇 초인지 풀이 과정을 쓰고 답을 구하시오. (6점)

답 _____

3 어떤 수에서 2.06을 빼야 할 것을 잘못하여 더했더니 8이 되었습니다. 바르게 계산하면 얼마인지 풀이 과정을 쓰고 답을 구하시오. (6점)

답 _____

1 1이 14개, 0.1이 7개, $\frac{1}{1000}$이 69개인 수를 소수로 나타내면 얼마인지 풀이 과정을 쓰고 답을 구하시오. (5점)

답 _____

2 ㉠이 나타내는 값은 ㉡이 나타내는 값의 몇 배인지 풀이 과정을 쓰고 답을 구하시오.

(5점)

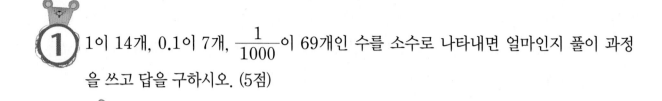

$$\underset{㉠}{5.} 0 \underset{㉡}{5} 7$$

답 _____

3 가영이의 한 뼘의 길이는 13.3 cm이고 한초의 한 뼘의 길이는 13.8 cm입니다. 가영이와 한초 중 누구의 한 뼘이 더 긴지 쓰고 설명하시오. (5점)

답 _____

4 계산에서 <u>잘못된</u> 곳을 찾아 이유를 설명하고 바르게 계산하시오. (4점)

$$
\begin{array}{r}
6.1\ 83 \\
+\quad 3.9\,4 \\
\hline
6.5\ 77
\end{array}
$$

➡

5 동민이의 키는 1.4 m입니다. 동민이가 높이가 80 cm인 의자 위에 올라서서 키를 재면 몇 m가 되는지 풀이 과정을 쓰고 답을 구하시오. (5점)

답 _____

6 비커에 0.84 L의 식염수가 들어 있습니다. 과학 실험을 하는 데 식염수를 사용하고 남은 양을 재어 보니 0.55 L였습니다. 과학 실험을 하는 데 사용한 식염수의 양은 몇 L인지 풀이 과정을 쓰고 답을 구하시오. (6점)

답 _____

다른 그림 찾기

해수욕장에서의 하루

🐘 서로 다른 곳 7군데를 찾아보세요.

4 사각형

그림을 보고 수직과 수선을 각각 넣어 문장을 만들어 보시오. (4점)

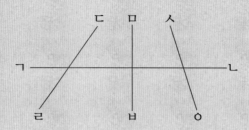

> **서술 길라잡이** 　서로 만나서 직각을 이루는 두 직선을 찾아보고 두 직선의 수직 관계를 문장으로 나타냅니다.

✏️ **예** 직선 ㄱㄴ과 직선 ㅁㅂ은 서로 수직입니다.

　　직선 ㅁㅂ은 직선 ㄱㄴ에 대한 수선입니다.

평가 기준	'수직'을 넣어 만든 문장이 올바른 경우	2점	합 4점
	'수선'을 넣어 만든 문장이 올바른 경우	2점	

서술형 완성하기　서술형 풀이를 완성하고 답을 써 보시오.

1 오른쪽 그림을 보고 ☐ 안에 수직과 수선을 각각 넣어 문장을 만들어 보시오.

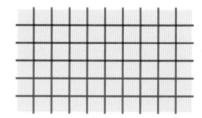

✏️ 빨간색 선과 초록색 선은 서로 ☐입니다.

　　초록색 선은 파란색 선에 대한 ☐입니다.

2 오른쪽 도형에서 서로 수직인 변은 모두 몇 쌍인지 풀이 과정을 쓰고 답을 구하시오.

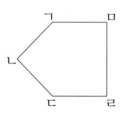

✏️ 직각을 이루는 두 변을 모두 찾아보면 변 ㄱㄴ과 변 ☐, 변 ㄷㄹ과

　　변 ☐, 변 ㄱㅁ과 변 ☐입니다.

　　따라서 서로 수직인 변은 모두 ☐쌍입니다.

답 _____

1 오른쪽 그림을 보고 수직과 수선을 각각 넣어 문장을 만들어 보시오. (4점)

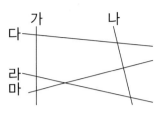

2 오른쪽 도형에서 변 ㄴㄷ에 대한 수선은 모두 몇 개인지 풀이 과정을 쓰고 답을 구하시오. (4점)

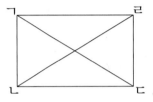

답

3 오른쪽 그림에서 서로 수직인 직선은 모두 몇 쌍인지 풀이 과정을 쓰고 답을 구하시오. (4점)

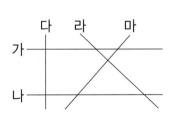

답

서술형 탐구

그림에서 평행선은 모두 몇 쌍인지 풀이 과정을 쓰고 답을 구하시오. (4점)

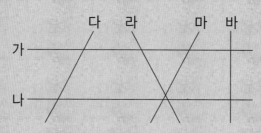

서술 길라잡이 아무리 길게 늘여도 서로 만나지 않는 두 직선을 모두 찾아봅니다.

✐ 서로 평행한 두 직선을 모두 찾아보면 직선 가와 직선 나, 직선 다와 직선 마입니다.
따라서 평행선은 모두 2쌍입니다.

답 _____2쌍_____

평가 기준	평행선을 모두 찾아 서술한 경우	3점	합 4점
	찾은 평행선을 바르게 세어 답을 구한 경우	1점	

서술형 완성하기 서술형 풀이를 완성하고 답을 써 보시오.

1 오른쪽 직사각형 ㄱㄴㄷㄹ에서 서로 평행한 변은 모두 몇 쌍인지 풀이 과정을 쓰고 답을 구하시오.

✐ 서로 평행한 변을 모두 찾아보면 변 ㄱㄹ과 변 ☐,

변 ㄱㄴ과 변 ☐ 입니다.

따라서 서로 평행한 변은 모두 ☐ 쌍입니다.

답 _____

2 오른쪽 그림에서 평행선은 모두 몇 쌍인지 풀이 과정을 쓰고 답을 구하시오.

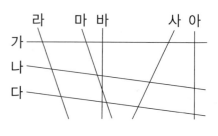

✐ 서로 평행한 직선을 모두 찾아보면 직선 나와 직선 ☐,

직선 라와 직선 ☐, 직선 바와 직선 ☐ 입니다.

따라서 평행선은 모두 ☐ 쌍입니다.

답 _____

1 오른쪽 도형에서 서로 평행한 변은 모두 몇 쌍인지 풀이 과정을 쓰고 답을 구하시오. (4점)

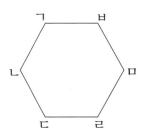

답 _____

2 오른쪽 그림에서 평행선은 모두 몇 쌍인지 풀이 과정을 쓰고 답을 구하시오. (4점)

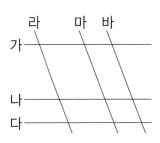

답 _____

3 오른쪽 도형에서 서로 평행한 변은 모두 몇 쌍인지 풀이 과정을 쓰고 답을 구하시오. (4점)

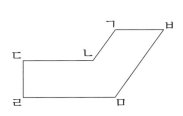

답 _____

평행한 두 직선 가와 나 사이의 거리는 몇 cm인지 풀이 과정을 쓰고 답을 구하시오. (4점)

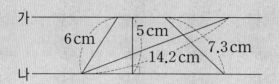

서술 길라잡이 평행선 사이의 거리에 대해 설명하고 그 조건을 만족하는 선분을 찾아 길이를 알아봅니다.

🖊 평행선 사이의 거리는 평행선 사이의 수선의 길이입니다.

따라서 두 직선 가와 나 사이의 거리는 5 cm입니다.

답   5 cm

평가기준	평행선 사이의 거리에 대해 바르게 설명한 경우	2점	**합 4점**
	답을 바르게 구한 경우	2점	

서술형 완성하기   서술형 풀이를 완성하고 답을 써 보시오.

1 오른쪽 그림에서 직선 가, 나는 서로 평행합니다. 평행선 사이의 거리를 나타내는 선분은 어느 것인지 쓰고 그 이유를 설명하시오.

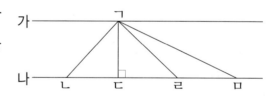

🖊 평행선 사이의 거리는 평행선 사이의 [＿＿]의 길이입니다.

따라서 평행선 사이의 거리를 나타내는 선분은 선분 [＿＿]입니다.

답

2 오른쪽 그림에서 평행선 사이의 거리는 몇 cm인지 풀이 과정을 쓰고 답을 구하시오.

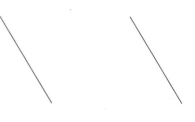

🖊 평행선 사이의 거리는 평행선 사이의 [＿＿]의 길이입니다.

따라서 두 평행선 사이에 [＿＿]인 선분을 긋고 그 길이를 재어 보면 [＿＿] cm입니다.

답

1 평행한 두 직선 가와 나 사이의 거리를 바르게 잰 사람은 누구인지 쓰고 이유를 설명하시오. (4점)

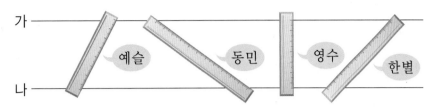

답 _____

2 평행한 두 직선 가와 나 사이의 거리는 1.5 cm입니다. 이유를 설명하시오. (3점)

가 ———————

나 ———————

3 오른쪽 그림에서 직선 가, 나, 다는 서로 평행합니다. 직선 가와 다 사이의 거리는 몇 cm인지 풀이 과정을 쓰고 답을 구하시오. (5점)

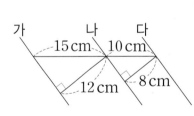

답 _____

오른쪽 도형에서 평행한 두 변 사이의 거리는 몇 cm인지
풀이 과정을 쓰고 답을 구하시오. (5점)

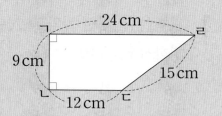

서술 길라잡이 먼저 평행한 두 변을 찾고 그 사이의 수선의 길이를 알아봅니다.

✏ 도형에서 평행한 두 변은 변 ㄱㄹ과 변 ㄴㄷ입니다.
따라서 변 ㄱㄹ과 변 ㄴㄷ 사이의 거리는 두 변에 수직인 변 ㄱㄴ의 길이이므로 9 cm입니다.

답 9 cm

평가 기준	평행한 두 변과 그 사이의 수선을 모두 바르게 찾아 설명한 경우	3점	합 5점
	답을 바르게 구한 경우	2점	

서술형 완성하기 서술형 풀이를 완성하고 답을 써 보시오.

1 오른쪽 도형에서 평행한 두 변 사이의 거리는 몇 cm
인지 풀이 과정을 쓰고 답을 구하시오.

✏ 도형에서 평행한 두 변은 변 ㄱㄴ과 변 ☐ 입니다.

따라서 변 ㄱㄴ과 변 ☐ 사이의 거리는

두 변에 수직인 변 ☐ 의 길이이므로 ☐ cm입니다.

답 _____

2 오른쪽 도형에서 변 ㄱㅂ과 변 ㄴㄷ은 서로 평행합니
다. 이 평행선 사이의 거리는 몇 cm인지 풀이 과정
을 쓰고 답을 구하시오.

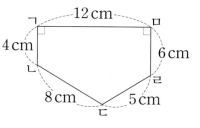

✏ 두 평행선 변 ㄱㅂ과 변 ㄴㄷ 사이의 거리는

두 변에 수직인 변 ㅂㅁ과 변 ☐ 의 길이의 합과

같습니다.

따라서 두 평행선 사이의 거리는 6+☐=☐ (cm)입니다.

답 _____

1 오른쪽 사각형 ㄱㄴㄷㄹ에서 평행한 두 변 사이의 거리는 몇 cm인지 풀이 과정을 쓰고 답을 구하시오. (5점)

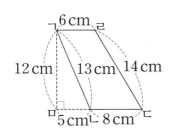

답 _____

2 오른쪽 도형에는 평행선이 2쌍 있습니다. 각각의 평행선 사이의 거리를 재어 보고, 두 거리의 차는 몇 cm인지 풀이 과정을 쓰고 답을 구하시오. (5점)

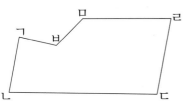

답 _____

3 오른쪽 도형에서 변 ㄱㅂ과 변 ㄹㅁ은 서로 평행합니다. 이 평행선 사이의 거리는 몇 cm인지 풀이 과정을 쓰고 답을 구하시오. (5점)

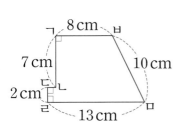

답 _____

오른쪽 도형은 평행사변형입니다. 이 평행사변형의 네 변의 길이의 합은 몇 cm인지 풀이 과정을 쓰고 답을 구하시오. (5점)

서술 길라잡이 평행사변형의 성질을 생각해 봅니다.

평행사변형은 마주 보는 변의 길이가 같으므로 변 ㄴㄷ의 길이는 10 cm, 변 ㄹㄷ의 길이는 6 cm입니다.

따라서 평행사변형의 네 변의 길이의 합은 $10+6+10+6=32\,(cm)$입니다.

답   32 cm

평가기준	변 ㄴㄷ과 변 ㄹㄷ의 길이를 구한 경우	3점	합
	답을 바르게 구한 경우	2점	5점

서술형 완성하기   서술형 풀이를 완성하고 답을 써 보시오.

1 오른쪽 도형은 마름모입니다. 이 마름모의 네 변의 길이의 합은 몇 cm인지 풀이 과정을 쓰고 답을 구하시오.

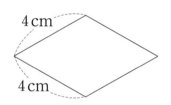

마름모는 네 변의 길이가 모두 같으므로 나머지 두 변의 길이는 각각 ☐ cm, ☐ cm입니다.

따라서 마름모의 네 변의 길이의 합은 $4+4+$☐$+$☐$=$☐(cm)입니다.

답 _____

2 오른쪽 도형은 평행사변형입니다. 각 ㄱㄴㄷ의 크기는 몇 도인지 풀이 과정을 쓰고 답을 구하시오.

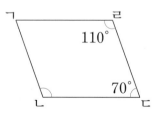

평행사변형은 마주 보는 각의 크기가 같으므로 각 ㄱㄴㄷ의 크기는 각 ☐ 의 크기와 같습니다. 따라서 각 ㄱㄴㄷ의 크기는 ☐ 입니다.

답 _____

1 오른쪽 도형은 직사각형입니다. 이 직사각형의 네 변의 길이의 합은 몇 cm인지 풀이 과정을 쓰고 답을 구하시오. (5점)

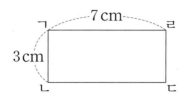

답 _____

2 오른쪽 도형은 마름모입니다. 각 ㄱㄹㄷ의 크기는 몇 도인지 풀이 과정을 쓰고 답을 구하시오. (5점)

답 _____

3 다음은 둘레의 길이가 같은 마름모 모양과 평행사변형 모양의 퍼즐 조각입니다. 변 ㄴㄷ의 길이는 몇 cm인지 풀이 과정을 쓰고 답을 구하시오. (5점)

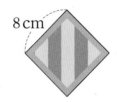 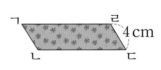

답 _____

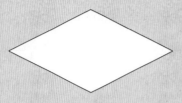

다음 도형은 오른쪽 이름으로 볼 수 있습니다. 이유를 각각 설명하시오. (3점)

㉠ 마름모
㉡ 사다리꼴
㉢ 평행사변형

서술 길라잡이 어떤 사각형을 마름모, 사다리꼴, 평행사변형이라고 약속했는지 각각 생각해 보고 그 조건을 만족하는 이유를 써 봅니다.

✐ ㉠ 네 변의 길이가 모두 같으므로 마름모로 볼 수 있습니다.
　㉡ 마주 보는 한 쌍의 변이 서로 평행하므로 사다리꼴로 볼 수 있습니다.
　㉢ 마주 보는 두 쌍의 변이 서로 평행하므로 평행사변형으로 볼 수 있습니다.

평가기준		
마름모로 볼 수 있는 이유를 바르게 설명한 경우	1점	합 3점
시다리꼴로 볼 수 있는 이유를 바르게 설명한 경우	1점	
평행사변형으로 볼 수 있는 이유를 바르게 설명한 경우	1점	

서술형 완성하기 서술형 풀이를 완성하고 답을 써 보시오.

1 왜 정사각형을 마름모라고 말할 수 있는지 이유를 설명하시오.

✐ 정사각형은 (네 변의 길이, 네 각의 크기)가 모두 같으므로 마름모라고 할 수 있습니다.

2 다음 도형의 이름이 될 수 있는 것을 |보기|에서 모두 찾아 기호를 쓰고 이유를 각각 설명하시오.

| 보기 |
㉠ 정사각형　㉡ 평행사변형　㉢ 마름모
㉣ 직사각형　㉤ 사다리꼴

✐ • 마주 보는 두 쌍의 변이 서로 평행하므로 [　　　　]이라고 할 수 있습니다.

• 네 각이 모두 직각이므로 [　　　　]이라고 할 수 있습니다.

• 마주 보는 한 쌍의 변이 서로 평행하므로 [　　　　]이라고 할 수 있습니다.

답 ＿＿＿＿＿＿＿＿＿

1 왜 평행사변형을 마름모라고 말할 수 없는지 이유를 설명하시오. (3점)

2 다음 사각형 가, 나는 모두 정사각형이 아닙니다. 이유를 각각 설명하시오. (4점)

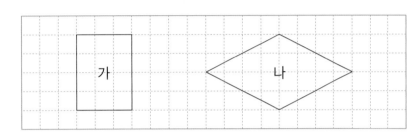

3 평행사변형이라 할 수 없는 사각형을 찾아 기호를 쓰고 이유를 설명하시오. (4점)

> ㉠ 마름모   ㉡ 정사각형   ㉢ 사다리꼴   ㉣ 직사각형

답 _____

1 오른쪽 그림에서 서로 수직인 직선은 모두 몇 쌍인지 풀이 과정을 쓰고 답을 구하시오. (4점)

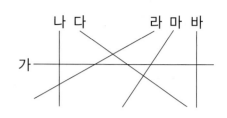

답 _____

2 오른쪽 그림에서 평행선 사이의 거리는 몇 cm인지 풀이 과정을 쓰고 답을 구하시오. (4점)

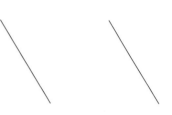

답 _____

3 오른쪽 그림에서 직선 가, 나, 다는 서로 평행합니다. 직선 가와 다 사이의 거리가 13 cm일 때 직선 나와 다 사이의 거리는 몇 cm인지 풀이 과정을 쓰고 답을 구하시오. (5점)

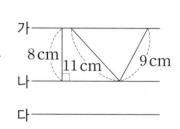

답 _____

4 오른쪽 도형은 마름모입니다. 각 ㄴㄷㄹ의 크기는 몇 도인지 풀이 과정을 쓰고 답을 구하시오. (5점)

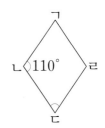

답 _____

5 오른쪽 도형은 네 변의 길이의 합이 42 cm인 평행사변형입니다. 이 평행사변형의 긴 변 한 개와 짧은 변 한 개의 길이의 차는 몇 cm인지 풀이 과정을 쓰고 답을 구하시오. (5점)

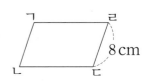

답 _____

6 왜 마름모를 직사각형이라고 할 수 없는지 이유를 설명하시오. (3점)

다른 그림 찾기

신기한 과자 나라

서로 다른 곳 7군데를 찾아보세요.

5 꺾은선그래프

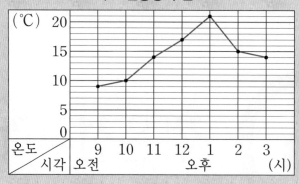

영수네 학교 운동장의 온도를 조사하여 나타낸 그래프입니다. 오전 10시 30분의 온도는 약 몇 도인지 풀이 과정을 쓰고 답을 구하시오. (4점)

학교 운동장의 온도

서술 길라잡이 오전 10시 30분의 온도를 알아내기 위해서는 오전 10시 30분이 속한 범위의 양 끝 값인 오전 10시와 오전 11시의 온도를 알아보는 것이 좋습니다.

세로 눈금 5칸이 5℃를 나타내므로 세로 눈금 한 칸은 1℃를 나타냅니다. 오전 10시의 온도는 10℃, 오전 11시의 온도는 14℃입니다.

따라서 오전 10시 30분의 온도는 오전 10시와 오전 11시의 중간인 약 12℃입니다.

평가 기준	풀이 과정이 바른 경우	2점	합 4점
	답을 바르게 구한 경우	2점	

답 약 12℃

서술형 완성하기 서술형 풀이를 완성하고 답을 써 보시오.

1 위 그래프를 보고 오후 1시 30분의 온도는 약 몇 도인지 풀이 과정을 쓰고 답을 구하시오.

오후 1시의 온도는 ☐ ℃, 오후 2시의 온도는 ☐ ℃입니다.

따라서 오후 1시 30분의 온도는 오후 1시와 오후 2시의 중간인 약 ☐ ℃입니다.

답 _____

2 위 그래프를 보고 온도가 가장 높은 때와 가장 낮은 때의 온도의 차는 몇 ℃인지 풀이 과정을 쓰고 답을 구하시오.

온도가 가장 높은 때는 오후 1시의 ☐ ℃이고, 온도가 가장 낮은 때는 오전 9시의 ☐ ℃ 입니다.

따라서 온도가 가장 높은 때와 가장 낮은 때의 온도의 차는 ☐ − ☐ = ☐ (℃)입니다.

답 _____

1 예슬이가 기르고 있는 강아지의 무게를 조사하여 나타낸 꺾은선그래프입니다. 16일에 강아지의 무게는 약 몇 kg인지 풀이 과정을 쓰고 답을 구하시오. (4점)

강아지의 무게

답 _____

2 어느 꽃집에서 화초의 키를 월별로 조사하여 나타낸 꺾은선그래프입니다. 5개월 동안 화초의 키는 몇 cm 자랐는지 풀이 과정을 쓰고 답을 구하시오. (4점)

화초의 키

답 _____

어느 병원의 신생아 수를 조사하여 나타낸 꺾은선그래프입니다. 2018년에 신생아 수는 어떻게 변할 것인지 예상해 보고 이유를 설명하시오. (4점)

신생아 수

(명)
600
550
500
0
신생아 수 / 연도   2013 2014 2015 2016 2017
(년)

서술 길라잡이 | 꺾은선의 변화를 살펴보고 예상합니다.

✏ 신생아 수가 2013년부터 계속 줄어들고 있으므로 2018년에 이 병원의 신생아 수도 2017년보다 줄어들 것으로 예상할 수 있습니다.

답 ___ 예 신생아 수가 2017년보다 줄어들 것입니다.

평가기준	꺾은선그래프에서 자료의 변화를 바르게 읽고 예상한 경우	2점	합 4점
	예상에 대한 이유가 바른 경우	2점	

서술형 완성하기 서술형 풀이를 완성하고 답을 써 보시오.

1 위 그래프를 보고 전년도에 비해 신생아 수의 변화가 가장 큰 때는 언제인지 쓰고 이유를 설명하시오.

✏ 변화가 가장 큰 때는 꺾은선이 가장 (많이, 적게) 기울어진 때이므로 ☐년과 ☐년 사이입니다. 따라서 전년도에 비해 신생아 수의 변화가 가장 큰 때는 ☐년입니다.

답 _____

2 위 그래프를 보고 전년도에 비해 신생아 수의 변화가 가장 적은 때는 언제인지 쓰고 이유를 설명하시오.

✏ 변화가 가장 적은 때는 꺾은선이 가장 (많이, 적게) 기울어진 때이므로 ☐년과 ☐년 사이입니다. 따라서 전년도에 비해 신생아 수의 변화가 가장 적은 때는 ☐년입니다.

답 _____

[1~3] 어느 공장에서 월별로 조사한 제품 생산량을 나타낸 꺾은선그래프입니다. 그래프를 보고 제품 생산량의 변화를 알아보시오.

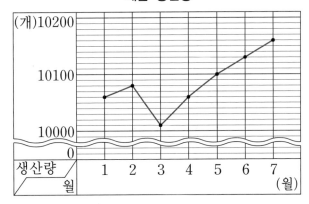

제품 생산량

1 제품 생산량이 전월에 비해 줄어든 때는 언제인지 쓰고 이유를 설명하시오. (4점)

답 _____

2 제품 생산량이 전월에 비해 가장 많이 늘어난 때는 언제인지 쓰고 이유를 설명하시오. (4점)

답 _____

3 8월에는 생산량이 어떻게 변할 것인지 예를 2가지로 설명하시오. (4점)

 [예 1]

[예 2]

가영이가 매월 읽은 책 수를 조사하여 표를 만들었습니다. 표를 보고 꺾은선그래프로 나타낼 때 세로 눈금은 적어도 몇 권까지 나타낼 수 있도록 해야 하는지 풀이 과정을 쓰고 답을 구하시오. (5점)

월별 읽은 책 수 (매월 말일조사)

월	5	6	7	8	9	10
책 수(권)	5	8	9	15	10	13

서술 길라잡이 조사한 내용을 최솟값부터 최댓값까지 모두 나타낼 수 있어야 합니다.

🖉 읽은 책 수가 가장 적은 때와 가장 많은 때를 모두 나타내어야 하므로 세로 눈금은 5권부터 15권까지 나타낼 수 있어야 합니다.

따라서 세로 눈금은 적어도 15권까지 나타낼 수 있도록 해야 합니다.

답 _____15권_____

평가 기준	풀이 과정이 바른 경우	3점	합 5점
	답을 바르게 구한 경우	2점	

서술형 완성하기　서술형 풀이를 완성하시오.

1 위 그래프를 보고 꺾은선그래프로 나타낼 때 그래프의 세로 눈금 한 칸의 크기는 얼마로 하는 것이 좋겠는지 설명하고 꺾은선그래프를 그려 보시오.

🖉 가영이가 읽은 책 수가 (1권, 5권, 10권) 단위까지 나타내어져 있으므로 매월 읽은 책 수를 정확하게 나타내려면 세로 눈금 한 칸의 크기는 (1권, 5권, 10권)으로 하는 것이 좋습니다.

월별 읽은 책 수 (매월 말일조사)

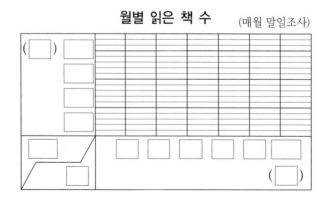

1 어느 과수원의 연도별 배 생산량을 조사하여 나타낸 표입니다. 표를 보고 물결선을 사용한 꺾은선그래프로 나타내려고 합니다. [질문 1], [질문 2]에 대하여 설명하고 물결선을 사용한 꺾은선그래프를 그려 보시오. (6점)

배 생산량

연도(년)	2013	2014	2015	2016	2017
생산량(상자)	1200	1500	2200	2600	1900

배 생산량

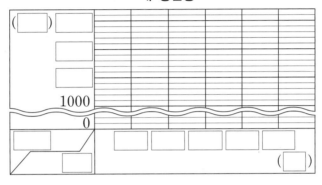

✎ [질문 1] 물결선으로 나타내어야 할 부분

[질문 2] 세로 눈금 한 칸의 크기

2 한별이의 몸무게를 매년 5월 신체검사 때 기록한 표입니다. 표를 보고 세로 눈금이 20칸인 꺾은선그래프로 나타내려고 할 때 세로 눈금 한 칸의 크기는 얼마로 하는 것이 좋은지 풀이 과정을 쓰고 답을 구하시오. (5점)

한별이의 몸무게

학년	1	2	3	4
몸무게(kg)	16	24	30	36

✎

답 _____

석기는 새 연필을 사용하면서 줄어든 길이를 8월 1일부터 매주 기록하여 표로 만들었습니다. 1일부터 29일까지의 연필의 길이를 그래프로 나타내려면 어떤 그래프로 나타내는 것이 좋겠는지 쓰고 이유를 설명하시오. (3점)

연필의 길이

날짜(일)	1	8	15	22	29
연필의 길이(cm)	19	18.2	17.4	15	14.6

> **서술 길라잡이** 막대그래프는 각 부분의 상대적인 크기의 비교가 쉽고, 꺾은선그래프는 시간에 따른 연속적인 변화의 파악이 쉽습니다.

✏️ 날짜별로 연필의 길이가 어떻게 변화했는지 쉽게 알아볼 수 있는 꺾은선그래프로 나타내는 것이 좋습니다.

답 ___꺾은선그래프___

평가 기준	이유를 타당하게 설명한 경우	2점	합 3점
	알맞은 그래프를 답한 경우	1점	

서술형 완성하기 서술형 풀이를 완성하시오.

1 솔별이네 반에서 5월부터 9월까지 헌 종이 수집량을 모둠별·월별로 조사하여 각각 표로 만들었습니다. 표를 보고 그래프로 나타내려면 어떤 그래프로 나타내는 것이 좋겠는지 각각 설명하시오.

[표 1] **모둠별 헌 종이 수집량**

모둠	가	나	다	라	마
수집량(kg)	11	12	9	9	10

[표 2] **월별 헌 종이 수집량**

월	5	6	7	8	9
수집량(kg)	11.5	11	9	11	8.5

✏️ [표 1] 어느 모둠의 수집량이 많고 적은지 쉽게 알아볼 수 있는

(막대그래프, 꺾은선그래프)로 나타내는 것이 좋습니다.

[표 2] 월별로 헌 종이 수집량이 어떻게 변화하는지 쉽게 알아볼 수 있는

(막대그래프, 꺾은선그래프)로 나타내는 것이 좋습니다.

1 다음 표를 보고 그래프로 나타내려면 막대그래프와 꺾은선그래프 중에서 어떤 그래프로 나타내는 것이 좋은지 쓰고 이유를 설명하시오. (3점)

친구별 발표 횟수

이름	가영	예슬	석기	효근	지혜
횟수(회)	12	7	5	9	20

답 _____

2 영수의 100 m 달리기 기록을 매주 월요일 조사하여 표로 만들었습니다. 주별 달리기 기록의 변화를 그래프로 나타내려면 막대그래프와 꺾은선그래프 중에서 어떤 그래프로 나타내는 것이 좋은지 쓰고 이유를 설명하시오. (3점)

영수의 100m 달리기 기록

주	1	2	3	4	5
기록(초)	18.2	18.0	17.7	17.9	17.6

답 _____

3 자료의 제목입니다. 막대그래프와 꺾은선그래프 중에서 어떤 그래프로 나타내면 자료를 더 잘 나타낼 수 있는지 각각에 대하여 설명하시오. (4점)

㉠ 도시별 전기 사용량　　㉡ 어느 자동차 공장의 연도별 자동차 생산량

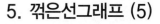

어느 도시의 초등학교 학생 수를 조사하여 나타낸 꺾은선그래프입니다. 남학생 수와 여학생 수의 차가 가장 큰 해는 언제인지 쓰고 이유를 설명하시오. (4점)

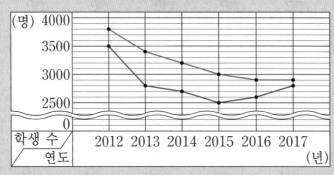

초등학교 학생 수

―― 남학생   ―― 여학생

서술 길라잡이 두 꺾은선의 벌어진 정도가 남학생과 여학생 수의 차를 나타냅니다.

✎ 꺾은선그래프에서 두 꺾은선의 벌어진 정도가 클수록 남학생과 여학생 수의 차가 큽니다.
따라서 남학생 수와 여학생 수의 차가 가장 큰 해는 두 꺾은선이 가장 많이 벌어진 2013년입니다.

답 _____2013년_____

평가기준	두 꺾은선그래프를 비교하여 바르게 설명한 경우	2점	합 4점
	답을 바르게 구한 경우	2점	

서술형 완성하기   서술형 풀이를 완성하고 답을 써 보시오.

1 위 그래프에서 남학생 수와 여학생 수의 차가 가장 작은 해는 언제인지 쓰고 이유를 설명하시오.

✎ 꺾은선그래프에서 두 꺾은선의 벌어진 정도가 (클수록, 작을수록) 남학생과 여학생 수의 차가 작습니다. 따라서 남학생 수와 여학생 수의 차가 가장 작은 해는 두 꺾은선이 가장 (많이, 적게) 벌어진 □년입니다.

답 _____

2 위 그래프에서 2014년에 남학생 수와 여학생 수의 차는 몇 명인지 풀이 과정을 쓰고 답을 구하시오.

✎ 세로 눈금 5칸은 500명을 나타내므로 세로 눈금 한 칸은 □명을 나타냅니다. 2014년에 남학생 수는 □명이고 여학생 수는 □명입니다. 따라서 2014년에 남학생 수와 여학생 수의 차는 □명입니다.

답 _____

[1~3] 지혜는 학교 신문에서 어느 날 교실과 운동장의 온도를 매 시각 측정하여 나타낸 꺾은선그래프를 찾았습니다. 그래프를 보고 자료의 내용을 알아보시오.

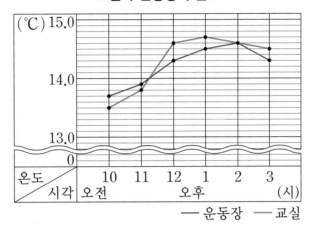

교실과 운동장의 온도

━ 운동장   ━ 교실

1 교실의 온도와 운동장의 온도를 한 그래프에 나타낸 이유는 무엇이라고 생각하는지 서술하시오. (3점)

2 교실의 온도와 운동장의 온도의 차가 가장 큰 때는 언제인지 쓰고 이유를 설명하시오. (4점)

답

3 교실과 운동장의 온도가 같아진 때는 언제인지 쓰고 이유를 설명하시오. (4점)

답

[1~2] 어느 마을의 인구 수를 매년 1월에 조사하여 꺾은선그래프로 나타내었습니다. 물음에 답하시오.

1 2016년 7월에 이 마을의 인구는 약 몇 명인지 풀이 과정을 쓰고 답을 구하시오. (4점)

마을의 인구

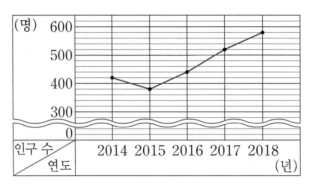

답 _____

2 2019년 1월에 이 마을의 인구는 몇 명이 될 것이라고 예상하는지 설명하시오. (4점)

3 어느 해 11월 서울 지역의 하루 중 최저 기온을 조사하여 표로 만들었습니다. 물결선을 사용한 꺾은선그래프를 그릴 때 세로 눈금 한 칸의 크기는 몇 ℃로 하는 것이 좋은지 설명하시오. (3점)

하루 중 최저 기온

날짜(일)	17	18	19	20	21
최저 기온(℃)	10.2	10.5	11.1	11.8	11.3

4 동민이가 인터넷 검색을 통해 찾은 휴대폰 판매량에 대한 자료입니다. 각각의 자료를 그래프로 나타내려면 막대그래프와 꺾은선그래프 중에서 어떤 그래프로 나타내는 것이 좋은지 설명하시오. (4점)

[표 1]　　　　　　　　　**어느 회사의 연도별 휴대폰 판매량**

연도	2009	2010	2011	2012	2013
판매량(대)	38000	41000	44700	45900	48020

[표 2]　　　　　　　　　　　**회사별 휴대폰 판매량**

회사	가	나	다	라	마
판매량(대)	45000	40700	47730	48100	49500

 [표 1]

[표 2]

5 예슬이와 지혜의 키를 매년 5월 신체 검사 때 조사하여 꺾은선그래프로 나타내었습니다. 예슬이의 키와 지혜의 키의 차가 가장 큰 때는 언제인지 쓰고 이유를 설명하시오. (4점)

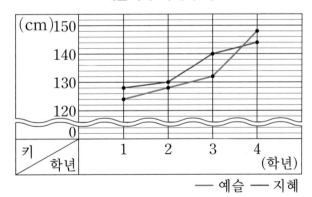

예슬이와 지혜의 키

답 _____

다른 그림 찾기

위험한 배드민턴

서로 다른 곳 7군데를 찾아보세요.

6 다각형

서술형 탐구

오른쪽 도형은 다각형이 아닙니다. 그 이유를 설명하시오. (4점)

서술 길라잡이 선분으로만 둘러싸인 도형을 다각형이라고 합니다.

 다각형은 선분으로만 둘러싸인 도형인데 주어진 도형은 곡선으로만 둘러싸여 있으므로 다각형이 아닙니다.

평가기준	다각형이 아닌 이유를 바르게 설명한 경우	합 4점

서술형 완성하기 서술형 풀이를 완성하고 답을 써 보시오.

1 오른쪽 도형은 정다각형이 아닙니다. 그 이유를 설명하시오.

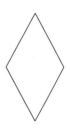

변의 길이가 모두 같고 각의 크기가 모두 같은 다각형을 정다각형이라고 하는데 주어진 도형은 네 변의 길이가 (같지만, 다르지만) 네 각의 크기가 (같으므로, 다르므로) 정다각형이 아닙니다.

2 다각형이 아닌 도형을 찾아 기호를 쓰고, 그 이유를 설명하시오.

가  나  다

⬚ 도형은 선분으로 둘러싸여 있는 도형이 아니므로 다각형이 아닙니다.

답 _____

1 오른쪽 도형은 정다각형이 아닙니다. 그 이유를 설명하시오.
(4점)

🖉

2 다각형이 아닌 도형을 찾아 기호를 쓰고, 그 이유를 설명하시오. (5점)

가   나    다

🖉

답 _____

3 정다각형이 아닌 도형을 찾아 기호를 쓰고, 그 이유를 설명하시오. (5점)

가   나   다

🖉

답 _____

나는 어떤 도형인지 설명하고 답을 구하시오. (4점)

> • 나는 6개의 선분으로 둘러싸여 있습니다.
> • 나는 변의 길이가 모두 같습니다.
> • 나는 각의 크기가 모두 같습니다.

서술 길라잡이 각 조건마다 알맞은 도형을 설명하고 모든 조건을 만족하는 도형의 이름을 생각해 봅니다.

✎ 6개의 선분으로 둘러싸인 도형은 육각형이고 이 중에서 변의 길이가 모두 같고 각의 크기가 모두 같은 도형은 정육각형입니다.

답   정육각형

평가기준	각각의 조건을 만족하는 도형을 바르게 설명한 경우	2점	합
	답을 바르게 구한 경우	2점	4점

서술형 완성하기   서술형 풀이를 완성하고 답을 써 보시오.

1 나는 어떤 도형인지 설명하고 답을 구하시오.

> • 나는 선분으로만 둘러싸여 있습니다.
> • 나는 변의 수가 10개입니다.

✎ 선분으로만 둘러싸인 도형은 [   ]이고 그중에서 변의 수가 10개인 도형은 [   ]입니다.

답 _____

2 다음 조건을 모두 만족하는 도형의 이름을 쓰고 이유를 설명하시오.

> • 마주 보는 두 쌍의 변이 서로 평행한 사각형입니다.
> • 네 변의 길이가 모두 같은 사각형입니다.
> • 두 대각선의 길이가 같은 사각형입니다.

✎ 마주 보는 두 쌍의 변이 서로 평행한 사각형은 평행사변형, [ ], [ ], [ ]이고 그중에서 네 변의 길이가 모두 같은 사각형은 [ ]와 [ ]입니다. 또 이 두 도형 중에서 두 대각선의 길이가 같은 사각형은 [ ]입니다.

따라서 조건을 모두 만족하는 도형은 [ ]입니다.

답 _____

1 나는 어떤 도형인지 설명하고 답을 구하시오. (4점)

> • 나는 선분으로만 둘러싸여 있습니다.
> • 나를 둘러싸고 있는 선분은 모두 8개입니다.
> • 나는 변의 길이와 각의 크기가 모두 같습니다.

답 _____

2 다음 조건을 모두 만족하는 사각형을 찾아 기호를 쓰고 이유를 설명하시오. (5점)

> • 두 대각선이 서로 수직으로 만납니다.
> • 정다각형이 아닙니다.

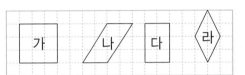

답 _____

3 다음 조건을 모두 만족하는 도형의 이름을 쓰고 이유를 설명하시오. (5점)

> • 그을 수 있는 대각선은 모두 2개입니다.
> • 두 대각선의 길이가 같습니다.
> • 두 대각선이 서로 수직으로 만납니다.

답 _____

서술형 탐구

오른쪽 정다각형의 모든 변의 길이의 합은 40 cm입니다. 이 정다각형의 한 변의 길이는 몇 cm인지 풀이 과정을 쓰고 답을 구하시오. (5점)

서술 길라잡이 정다각형은 변의 길이가 모두 같습니다.

✎ 오른쪽 정다각형은 변의 수가 5개이므로 정오각형입니다.
  정오각형은 다섯 변의 길이가 모두 같으므로
  한 변의 길이는 40÷5=8(cm)입니다.

답 _____8 cm_____

평가 기준	풀이 과정이 바른 경우	3점	합 5점
	답을 바르게 구한 경우	2점	

서술형 완성하기
서술형 풀이를 완성하고 답을 써 보시오.

1 한 변의 길이가 9 cm인 정육각형이 있습니다. 이 정육각형의 모든 변의 길이의 합은 몇 cm인지 풀이 과정을 쓰고 답을 구하시오.

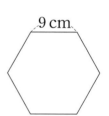

✎ 정육각형은 변이 ☐개이고 길이가 모두 같으므로

  (정육각형의 모든 변의 길이의 합)=9×☐=☐(cm)입니다.

답 _____

2 정오각형의 한 각의 크기는 108°입니다. 정오각형의 모든 각의 크기의 합은 몇 도인지 풀이 과정을 쓰고 답을 구하시오.

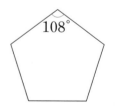

✎ 정오각형은 각이 ☐개이고 크기가 모두 같으므로

  (정오각형의 모든 각의 크기의 합)=108°×☐=☐°입니다.

답 _____

1 한 변의 길이가 6 cm이고, 모든 변의 길이의 합이 48 cm인 정다각형이 있습니다. 이 정다각형의 이름은 무엇인지 쓰고 이유를 설명하시오. (5점)

> 답 _____

2 오른쪽 도형은 정육각형입니다. ㉠은 몇 도인지 풀이 과정을 쓰고 답을 구하시오. (5점)

> 답 _____

3 정다각형 가와 나는 각각 모든 변의 길이의 합이 100 cm로 같습니다. 정다각형 가와 나의 한 변의 길이의 합은 몇 cm인지 풀이 과정을 쓰고 답을 구하시오. (6점)

가    나

> 답 _____

모양 조각을 사용하여 평행사변형을 만들고, 만든 평행사변형의 특징을 설명하시오. (5점)

서술 길라잡이 | 모양 조각을 여러 위치에 놓아 보며 평행사변형을 만들어 봅니다.

✏️ 예 마주 보는 두 쌍의 변이 서로 평행하고, 마주 보는 변과 각의 크기가 각각 같습니다.

평가 기준	평행사변형을 바르게 만든 경우	3점	합 5점
	평행사변형의 특징을 바르게 설명한 경우	2점	

서술형 완성하기   서술형 풀이를 완성하시오.

[1~2] 모양 조각을 보고 물음에 답하시오.

1 모양 조각 2개를 사용하여 오각형을 만들고, 만든 오각형의 특징을 설명하시오.

  ☐개의 변으로 둘러싸인 도형입니다.

변의 길이는 모두 같지만 각의 크기는 모두 같지 않습니다.

2 모양 조각 3개를 사용하여 삼각형을 만들고, 만든 삼각형의 특징을 설명하시오.

 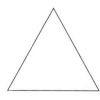 ☐개의 변으로 둘러싸인 도형입니다.

변의 길이와 각의 크기가 모두 (같습니다, 다릅니다).

[1~3] 모양 조각을 보고 물음에 답하시오.

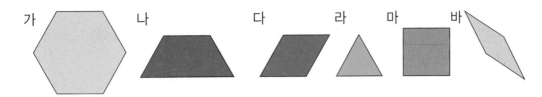

가 나 다 라 마 바

1 다 모양 조각을 사용하여 가 모양 조각을 만들려고 합니다. 다 모양 조각은 몇 개 필요한지 풀이 과정을 쓰고 답을 구하시오. (5점)

답 _____

2 라 모양 조각을 사용하여 정육각형을 만들려고 합니다. 라 모양 조각은 적어도 몇 개가 필요한지 풀이 과정을 쓰고 답을 구하시오. (5점)

답 _____

3 모양 조각을 최대한 많이 사용하여 다음 모양을 만들려고 합니다. 필요한 모양 조각의 수는 모두 몇 개인지 풀이 과정을 쓰고 답을 구하시오. (6점)

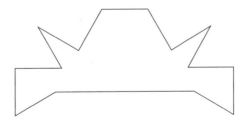

답 _____

 1 오른쪽 도형은 정다각형이 아닙니다. 그 이유를 설명하시오.

(4점)

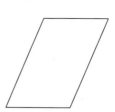

 2 세 학생이 어떤 도형에 대해 이야기하고 있습니다. 도형의 이름을 쓰고 이유를 설명하시오. (4점)

> 상연 : 변의 길이가 모두 같고 각의 크기도 모두 같아.
>
> 지혜 : 이 도형은 선분으로만 둘러싸여 있어.
>
> 가영 : 변의 수를 세어 보니 모두 9개였어.

답 _____

 3 길이가 288 cm인 철사를 똑같이 3도막으로 잘라 정팔각형 3개를 만들려고 합니다. 정팔각형의 한 변의 길이는 몇 cm인지 풀이 과정을 쓰고 답을 구하시오. (5점)

답 _____

4 오른쪽 도형은 정오각형입니다. ㉠은 몇 도인지 풀이 과정을 쓰고 답을 구하시오. (6점)

답 _____

[5~6] 모양 조각을 보고 물음에 답하시오.

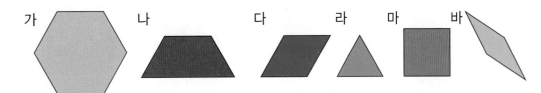

5 라 모양 조각을 사용하여 나 모양 조각을 만들려고 합니다. 라 모양 조각은 몇 개 필요한지 풀이 과정을 쓰고 답을 구하시오. (5점)

답 _____

6 다 모양 조각을 사용하여 정육각형을 만들려고 합니다. 다 모양 조각은 적어도 몇 개가 필요한지 풀이 과정을 쓰고 답을 구하시오. (5점)

답 _____

다른 그림 찾기

황야의 대결

🐘 서로 다른 곳 7군데를 찾아보세요.

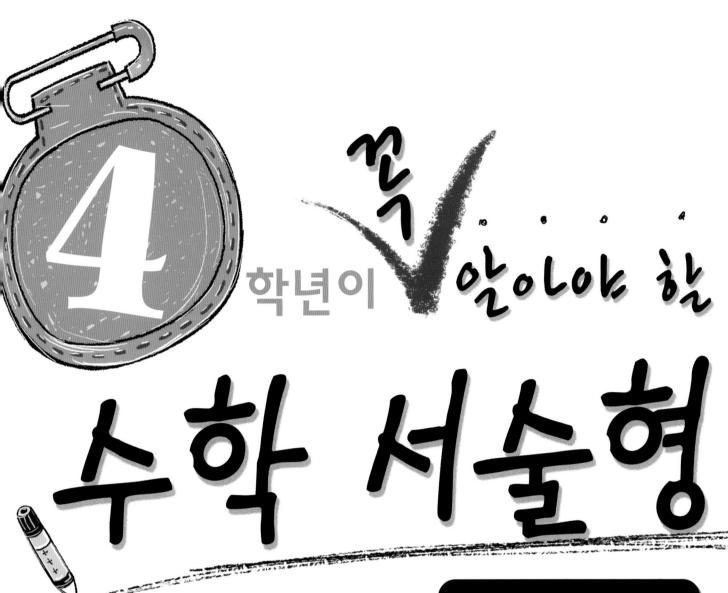

4

학년이 꼭 ✓ 알아야 한

수학 서술형

4학년 2학기

정답과 풀이

✓ (주)에듀왕
www.왕수학.com

정답과 풀이

1 분수의 덧셈과 뺄셈

1. 분수의 덧셈과 뺄셈(1)

서술형 완성하기 p. 4

1 [방법 1] 3, 6, 4, 10, 4, 1, 3, 5, 3

　[방법 2] 27, 38, 5, 3

2 [방법 1] 5, 2, 9, 7, 3, 2, 3, 2

　[방법 2] 64, 29, 35, 3, 2

서술형 정복하기 p. 5

1

도형이 똑같이 네 부분으로 나누어져 있으므로 한 칸의 크기는 $\frac{1}{4}$입니다.

$1\frac{3}{4}$만큼 색칠하고 이어서 $1\frac{2}{4}$만큼 색칠하면 전체 색칠한 도형 3개와 $\frac{1}{4}$만큼 색칠한 도형 1개입니다.

따라서 $1\frac{3}{4}+1\frac{2}{4}=3\frac{1}{4}$입니다.

평가기준	주어진 분수의 덧셈을 그림으로 바르게 나타낸 경우	1점	합 3점
	나타낸 그림에 맞도록 덧셈 결과를 설명한 경우	2점	

2

[방법 1] 자연수 5를 $4\frac{8}{8}$로 나타내어 자연수는 자연수끼리, 분수는 분수끼리 뺍니다.

$$5-2\frac{7}{8}=4\frac{8}{8}-2\frac{7}{8}$$
$$=(4-2)+(\frac{8}{8}-\frac{7}{8})$$
$$=2+\frac{1}{8}=2\frac{1}{8}$$

[방법 2] 모두 가분수로 나타내어 계산합니다.

$$5-2\frac{7}{8}=\frac{40}{8}-\frac{23}{8}=\frac{17}{8}=2\frac{1}{8}$$

평가기준	1가지 방법을 설명할 때마다 2점씩 배점하여 총 4점이 되도록 평가합니다.	합 4점

3

[방법 1] $2\frac{2}{6}$를 $1\frac{8}{6}$로 나타내어 자연수는 자연수끼리, 분수는 분수끼리 뺍니다.

$$2\frac{2}{6}-1\frac{5}{6}=1\frac{8}{6}-1\frac{5}{6}$$
$$=(1-1)+(\frac{8}{6}-\frac{5}{6})=\frac{3}{6}$$

[방법 2] 대분수를 가분수로 나타내어 계산합니다.

$$2\frac{2}{6}-1\frac{5}{6}=\frac{14}{6}-\frac{11}{6}=\frac{3}{6}$$

평가기준	1가지 방법을 설명할 때마다 2점씩 배점하여 총 4점이 되도록 평가합니다.	합 4점

1. 분수의 덧셈과 뺄셈(2)

서술형 완성하기 p. 6

1 덧셈식에 ○표, 1, $\frac{1}{6}$, 3, $\frac{6}{6}$, 3, 1, 4, 4

　답 4시간

2 뺄셈식에 ○표, $\frac{4}{4}$, $\frac{3}{4}$, $1\frac{3}{4}$, $1\frac{3}{4}$　답 $1\frac{3}{4}$ L

서술형 정복하기 p. 7

1

신영이네 집에서 지하철역까지 전체 거리를 묻는 문제이므로 덧셈식을 세워 답을 구합니다.

(신영이네 집에서 서점까지의 거리)+(서점에서 지하철역까지의 거리)

$$=1\frac{3}{8}+1\frac{7}{8}=(1+1)+(\frac{3}{8}+\frac{7}{8})$$
$$=2+\frac{10}{8}=2+1\frac{2}{8}=3\frac{2}{8}(km)$$

따라서 신영이가 집에서 서점을 지나 지하철역에 가려면 $3\frac{2}{8}$ km를 가야 합니다.

답 $3\frac{2}{8}$ km

	문제의 상황에 맞는 덧셈식을 세운 경우	3점	합 5점
평가기준	덧셈식을 바르게 계산하여 답을 구한 경우	2점	

2

🖋 석기가 찬 공이 날아간 거리와 동민이가 찬 공이 날아간 거리의 차를 묻는 문제이므로 뺄셈식을 세워 답을 구합니다.

(석기가 찬 공이 날아간 거리)−(동민이가 찬 공이 날아간 거리)

$$=7\frac{1}{5}-5\frac{3}{5}=6\frac{6}{5}-5\frac{3}{5}$$

$$=(6-5)+(\frac{6}{5}-\frac{3}{5})=1+\frac{3}{5}=1\frac{3}{5}\text{(m)}$$

따라서 석기가 찬 공은 동민이가 찬 공보다 $1\frac{3}{5}$ m 더 날아갔습니다.

답 $1\frac{3}{5}$ m

	문제의 상황에 맞는 뺄셈식을 세운 경우	3점	합 5점
평가기준	뺄셈식을 바르게 계산하여 답을 구한 경우	2점	

3

🖋 만들 수 있는 가장 작은 대분수는 $1\frac{3}{10}$ 이고 가장 큰 진분수는 $\frac{7}{10}$ 입니다.

두 수의 차를 구해야 하므로 뺄셈식을 세워 답을 구합니다.

(가장 작은 대분수)−(가장 큰 진분수)

$$=1\frac{3}{10}-\frac{7}{10}=\frac{13}{10}-\frac{7}{10}=\frac{6}{10}$$

따라서 구하는 답은 $\frac{6}{10}$ 입니다.

답 $\frac{6}{10}$

	가장 작은 대분수와 가장 큰 진분수를 모두 바르게 구하여 뺄셈식을 세운 경우	3점	합 5점
평가기준	뺄셈식을 바르게 계산하여 답을 구한 경우	2점	

1. 분수의 덧셈과 뺄셈(3)

서술형 완성하기　　　　　　p. 8

1 >, 지점토, $\frac{5}{5}$, $\frac{5}{5}$, $\frac{1}{5}$, $\frac{1}{5}$

　　답 지점토, $1\frac{1}{5}$ kg

2 <, 효근, $\frac{13}{10}$, $\frac{13}{10}$, $\frac{6}{10}$　　답 효근, $\frac{6}{10}$ 분

서술형 정복하기　　　　　　p. 9

1

🖋 두 사람의 몸무게를 비교하면

$33\frac{7}{20}>32\frac{9}{20}$ 이므로 영수의 몸무게가

$$33\frac{7}{20}-32\frac{9}{20}=32\frac{27}{20}-32\frac{9}{20}$$

$$=(32-32)+(\frac{27}{20}-\frac{9}{20})$$

$$=\frac{18}{20}\text{(kg)}$$ 더 무겁습니다.

답 영수, $\frac{18}{20}$ kg

	두 사람의 몸무게를 바르게 비교하고 알맞은 뺄셈식을 세운 경우	3점	합 5점
평가기준	뺄셈식을 바르게 계산하여 답을 구한 경우	2점	

2

🖋 지혜네 집에서 학교까지의 거리와 교회까지의 거리를 비교하면 $1\frac{3}{4}<3\frac{2}{4}$ 이므로 학교가

$$3\frac{2}{4}-1\frac{3}{4}=2\frac{6}{4}-1\frac{3}{4}$$

$$=(2-1)+(\frac{6}{4}-\frac{3}{4})$$

$$=1\frac{3}{4}\text{(km)}$$ 더 가깝습니다.

답 학교, $1\frac{3}{4}$ km

	두 거리를 바르게 비교하고 알맞은 뺄셈식을 세운 경우	3점	합 5점
평가기준	뺄셈식을 바르게 계산하여 답을 구한 경우	2점	

3

✏️ 예슬이가 사용하고 남은 색실의 길이는

$$4-\frac{3}{8}=3\frac{8}{8}-\frac{3}{8}=3+(\frac{8}{8}-\frac{3}{8})$$
$$=3+\frac{5}{8}=3\frac{5}{8}(\text{m})\text{이고}$$

신영이가 사용하고 남은 색실의 길이는

$$5\frac{5}{8}-1\frac{7}{8}=4\frac{13}{8}-1\frac{7}{8}$$
$$=3+\frac{6}{8}=3\frac{6}{8}(\text{m})\text{입니다.}$$

따라서 사용하고 남은 색실의 길이를 비교하면

$3\frac{5}{8}<3\frac{6}{8}$이므로 신영이가

$$3\frac{6}{8}-3\frac{5}{8}=(3-3)+(\frac{6}{8}-\frac{5}{8})$$
$$=\frac{1}{8}(\text{m}) \text{ 더 깁니다.}$$

답 신영, $\frac{1}{8}$ m

평가기준	두 사람이 사용하고 남은 색실의 길이를 각각 바르게 구한 경우	2점	합 6점
	사용하고 남은 색실의 길이를 바르게 비교하고 알맞은 뺄셈식을 세운 경우	2점	
	뺄셈식을 바르게 계산하여 답을 구한 경우	2점	

1. 분수의 덧셈과 뺄셈 (4)

서술형 완성하기　　　　　　　　p. 10

1 $\frac{8}{8}$, 1, 4, 4, $3\frac{8}{8}$, 3, $\frac{8}{8}$, 3, $\frac{4}{8}$, $3\frac{4}{8}$

답 $3\frac{4}{8}$ m

서술형 정복하기　　　　　　　　p. 11

1

✏️ 빨대 2개의 길이의 합은

$$7\frac{2}{10}+4\frac{9}{10}=(7+4)+(\frac{2}{10}+\frac{9}{10})$$
$$=11+\frac{11}{10}=11+1\frac{1}{10}$$
$$=12\frac{1}{10}(\text{cm})\text{입니다.}$$

겹쳐진 부분이 1군데이므로 묶은 빨대의 전체 길이는

$$12\frac{1}{10}-1\frac{3}{10}=11\frac{11}{10}-1\frac{3}{10}$$
$$=(11-1)+(\frac{11}{10}-\frac{3}{10})$$
$$=10+\frac{8}{10}=10\frac{8}{10}(\text{cm})\text{입니다.}$$

답 $10\frac{8}{10}$ cm

평가기준	빨대 2개의 길이의 합을 바르게 구한 경우	2점	합 6점
	묶은 빨대의 전체 길이를 구하는 식을 바르게 세운 경우	2점	
	식을 계산하여 답을 구한 경우	2점	

2

✏️ 색 테이프 3장의 길이의 합은 $10\times3=30(\text{cm})$이고 겹쳐진 부분의 길이의 합은

$$1\frac{1}{4}+1\frac{1}{4}=(1+1)+(\frac{1}{4}+\frac{1}{4})$$
$$=2+\frac{2}{4}=2\frac{2}{4}(\text{cm})\text{입니다.}$$

따라서 이어 붙인 색 테이프의 전체 길이는

$$30-2\frac{2}{4}=29\frac{4}{4}-2\frac{2}{4}$$
$$=(29-2)+(\frac{4}{4}-\frac{2}{4})$$
$$=27+\frac{2}{4}=27\frac{2}{4}(\text{cm})\text{입니다.}$$

답 $27\frac{2}{4}$ cm

평가기준	색 테이프 3장의 길이의 합을 구한 경우	2점	합 6점
	겹쳐진 부분의 길이의 합을 구한 경우	2점	
	이어 붙인 색 테이프의 전체 길이를 구한 경우	2점	

3

✏️ 두 끈의 길이의 합은

$$4\frac{13}{20}+6\frac{7}{20}$$
$$=(4+6)+(\frac{13}{20}+\frac{7}{20})$$
$$=10+\frac{20}{20}=10+1=11(\text{m})\text{이고}$$

두 끈을 묶은 후의 길이는 $9\frac{11}{20}$ m입니다.

따라서 끈을 묶은 후의 길이는 묶기 전의 길이의 합보다

$$11-9\frac{11}{20}=10\frac{20}{20}-9\frac{11}{20}$$
$$=(10-9)+(\frac{20}{20}-\frac{11}{20})$$
$$=1+\frac{9}{20}=1\frac{9}{20}\text{(m)} \text{ 줄었습니다.}$$

답 $1\frac{9}{20}$ m

평 가 기 준	묶기 전의 길이의 합을 바르게 구한 경우	2점	합 6점
	답을 구하기 위한 식을 바르게 세운 경우	2점	
	식을 계산하여 답을 구한 경우	2점	

실전! 서술형
p. 12 ~ 13

1

✏️ [방법 1] 자연수 12를 $11\frac{7}{7}$로 나타내어 자연수는 자연수끼리, 분수는 분수끼리 뺍니다.

$$12-3\frac{5}{7}$$
$$=11\frac{7}{7}-3\frac{5}{7}$$
$$=(11-3)+(\frac{7}{7}-\frac{5}{7})$$
$$=8+\frac{2}{7}=8\frac{2}{7}$$

[방법 2] 모두 가분수로 나타내어 계산합니다.

$$12-3\frac{5}{7}=\frac{84}{7}-\frac{26}{7}=\frac{58}{7}=8\frac{2}{7}$$

평 가 기 준	1가지 방법을 설명할 때마다 2점씩 배점하여 총 4점이 되도록 평가합니다.	합 4점

2

✏️ 배와 바구니의 전체 무게를 묻는 문제이므로 덧셈식을 세워 답을 구합니다.
(배의 무게)＋(바구니의 무게)

$$=6\frac{3}{5}+\frac{4}{5}=6+(\frac{3}{5}+\frac{4}{5})$$
$$=6+\frac{7}{5}=6+1\frac{2}{5}=7\frac{2}{5}\text{(kg)}$$

따라서 배를 바구니에 담으면 모두 $7\frac{2}{5}$ kg
이 됩니다.

답 $7\frac{2}{5}$ kg

평 가 기 준	문제의 상황에 맞는 덧셈식을 세운 경우	3점	합 5점
	덧셈식을 바르게 계산하여 답을 구한 경우	2점	

3

✏️ 남은 페인트의 양을 묻는 문제이므로 뺄셈식을 세워 답을 구합니다.
(처음에 있던 페인트의 양)－(벽을 칠하는 데 사용한 페인트의 양)

$$=10\frac{5}{20}-3\frac{9}{20}=9\frac{25}{20}-3\frac{9}{20}$$
$$=(9-3)+(\frac{25}{20}-\frac{9}{20})$$
$$=6+\frac{16}{20}=6\frac{16}{20}\text{(L)}$$

따라서 바닥을 칠하는 데 사용하는 페인트의 양은 $6\frac{16}{20}$ L입니다.

답 $6\frac{16}{20}$ L

평 가 기 준	문제의 상황에 알맞은 뺄셈식을 세운 경우	3점	합 5점
	뺄셈식을 바르게 계산하여 답을 구한 경우	2점	

4

✏️ 색 테이프 2장의 길이의 합은

$$6\frac{5}{8}+5\frac{6}{8}=(6+5)+(\frac{5}{8}+\frac{6}{8})$$
$$=11+\frac{11}{8}=11+1\frac{3}{8}$$
$$=12\frac{3}{8}\text{(cm)}\text{입니다.}$$

겹쳐진 부분이 1군데이므로 이어 붙인 색 테이프의 전체 길이는

$$12\frac{3}{8}-2\frac{1}{8}=(12-2)+(\frac{3}{8}-\frac{1}{8})$$
$$=10+\frac{2}{8}=10\frac{2}{8}\text{(cm)}\text{입니다.}$$

답 $10\frac{2}{8}$ cm

평가 기준	색 테이프 2장의 길이의 합을 바르게 구한 경우	2점	합 6점
	이어 붙인 색 테이프의 전체 길이를 구하는 식을 바르게 세운 경우	2점	
	식을 계산하여 답을 구한 경우	2점	

5

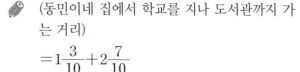

(동민이네 집에서 학교를 지나 도서관까지 가는 거리)

$= 1\frac{3}{10} + 2\frac{7}{10}$

$= (1+2) + (\frac{3}{10} + \frac{7}{10})$

$= 3 + \frac{10}{10} = 3 + 1 = 4 \text{(km)}$

(동민이네 집에서 은행을 지나 도서관까지 가는 거리)

$= 1\frac{6}{10} + 1\frac{5}{10}$

$= (1+1) + (\frac{6}{10} + \frac{5}{10})$

$= 2 + \frac{11}{10} = 2 + 1\frac{1}{10} = 3\frac{1}{10} \text{(km)}$

$4 > 3\frac{1}{10}$ 이므로 은행을 지나 가는 것이

$4 - 3\frac{1}{10}$

$= 3\frac{10}{10} - 3\frac{1}{10}$

$= (3-3) + (\frac{10}{10} - \frac{1}{10})$

$= \frac{9}{10} \text{(km)}$ 더 가깝습니다.

답 은행, $\frac{9}{10}$ km

평가 기준	동민이네 집에서 도서관까지 가는 2가지 방법의 거리를 모두 바르게 구한 경우	2점	합 6점
	두 거리를 비교하고 문제에 알맞은 식을 세운 경우	2점	
	식을 계산하여 답을 구한 경우	2점	

2 **삼각형**

2. 삼각형(1)

서술형 완성하기   p. 16

1 ㄱㄴ, 9, 9, 30   **답** 30 cm

2 18, 10, 10, 5   **답** 5 cm

서술형 정복하기   p. 17

1

이등변삼각형은 두 변의 길이가 같으므로
(변 ㄱㄷ)=(변 ㄴㄷ)=15 cm입니다.
따라서 삼각형 ㄱㄴㄷ의 세 변의 길이의 합은
12+15+15=42 (cm)입니다.   **답** 42 cm

평가 기준	변 ㄱㄷ의 길이를 설명한 경우	2점	합 5점
	삼각형의 세 변의 길이의 합을 구한 경우	3점	

2

이등변삼각형은 두 변의 길이가 같으므로
(변 ㄱㄴ)=(변 ㄱㄷ)이고,
(변 ㄱㄴ)+(변 ㄱㄷ)=27-11=16(cm)입니다.
따라서 변 ㄱㄴ의 길이는 16÷2=8(cm)입니다.   **답** 8 cm

평가 기준	길이가 같은 두 변을 찾고, 두 길이의 합을 구한 경우	2점	합 5점
	변 ㄱㄴ의 길이를 구한 경우	3점	

3

🖊 • 길이가 같은 두 변 중 한 변이 7 cm인 이등변삼각형이면 다른 두 변의 길이는 각각 7 cm, 23−7−7=9(cm)입니다.
  • 길이가 다른 한 변이 7 cm인 이등변삼각형이면 다른 두 변의 길이의 합은 23−7=16(cm)이므로 다른 두 변의 길이는 각각 8 cm, 8 cm입니다.
  따라서 다른 두 변의 길이로 가능한 것은 7 cm, 9 cm 또는 8 cm, 8 cm입니다.

  답 7 cm, 9 cm 또는 8 cm, 8 cm

평가 기준	1가지를 설명할 때마다 3점씩 배점하여 총 6점이 되도록 평가합니다.	합 6점

2. 삼각형(2)

서술형 완성하기   p. 18

1 3, 16   답 16 cm

2 16, 42, 42, 14   답 14 cm

서술형 정복하기   p. 19

1

🖊 정삼각형은 세 변의 길이가 같으므로 한 변의 길이는 15÷3=5(cm)입니다. 답 5 cm

평가 기준	정삼각형의 세 변의 길이가 같음을 설명한 경우	2점	합 5점
	한 변의 길이를 구한 경우	3점	

2

🖊 (정삼각형 한 개를 만드는 데 사용한 철사의 길이)=72÷2=36(cm)
따라서 정삼각형은 세 변의 길이가 같으므로 만든 정삼각형의 한 변의 길이는 36÷3=12(cm)입니다. 답 12 cm

평가 기준	정삼각형 한 개를 만드는 데 사용한 철사의 길이를 구한 경우	3점	합 6점
	정삼각형의 세 변의 길이가 같음을 설명하고, 한 변의 길이를 구한 경우	3점	

3

🖊 (㉮의 세 변의 길이의 합)=(이등변삼각형 가의 둘레)=8+5+5=18(cm)
➡ (㉮의 한 변의 길이)=18÷3=6(cm)
(㉯의 세 변의 길이의 합)=(정사각형 나의 둘레)=6×4=24(cm)
➡ (㉯의 한 변의 길이)=24÷3=8(cm)
따라서 ㉮와 ㉯의 한 변의 길이의 차는 8−6=2(cm)입니다.

답 2 cm

평가 기준	㉮의 한 변의 길이를 구한 경우	2점	합 6점
	㉯의 한 변의 길이를 구한 경우	2점	
	㉮와 ㉯의 한 변의 길이의 차를 구한 경우	2점	

2. 삼각형(3)

서술형 완성하기   p. 20

1 ㄴㄷㄱ, 75, 75, 30   답 30°

2 60, 60, 120   답 120°

서술형 정복하기   p. 21

1

🖊 세 변의 길이가 같으므로 정삼각형입니다.
정삼각형은 세 각의 크기가 모두 같으므로 한 각의 크기는 60°입니다.
따라서 ㉠+㉡=60°+60°=120°입니다.

답 120°

평가 기준	삼각형의 이름을 설명한 경우	2점	합 5점
	삼각형의 성질을 이용하여 ㉠과 ㉡을 구하고 합을 계산한 경우	3점	

2

✏️ 이등변삼각형은 두 각의 크기가 같으므로
(각 ㄴㄱㄷ)=(각 ㄱㄴㄷ)입니다.
삼각형의 세 각의 크기의 합은 $180°$이므로
(각 ㄴㄱㄷ)+(각 ㄱㄴㄷ)
$=180°-110°=70°$입니다.
따라서 (각 ㄴㄱㄷ)$=70°÷2=35°$입니다.

답 $35°$

평가기준	크기가 같은 두 각을 설명하고, 두 각도의 합을 구한 경우	2점	합 5점
	각 ㄴㄱㄷ의 크기를 구한 경우	3점	

3

✏️ 이등변삼각형은 두 각의 크기가 같으므로
(각 ㄴㄱㄷ)=(각 ㄴㄷㄱ)$=40°$입니다.
(각 ㄱㄴㄷ)$=180°-40°-40°=100°$입니다.
따라서 ㉠$=180°-100°=80°$입니다.

답 $80°$

평가기준	크기가 같은 두 각을 설명하고, 각 ㄱㄴㄷ의 크기를 구한 경우	3점	합 6점
	㉠의 크기를 구한 경우	3점	

2. 삼각형(4)

서술형 완성하기　　　　　p. 22

1 85, 예각, 예각삼각형　답 예각삼각형

2 90, 직각, 직각삼각형　답 직각삼각형

서술형 정복하기　　　　　p. 23

1

✏️ (나머지 한 각의 크기)
$=180°-40°-60°=80°$
따라서 삼각형의 세 각이 모두 예각이므로
예각삼각형입니다.　답 예각삼각형

평가기준	삼각형의 나머지 한 각의 크기를 구한 경우	2점	합 5점
	삼각형의 이름을 설명한 경우	3점	

2

✏️ 삼각형의 두 각이 각각 $30°$, $25°$이므로 나머지 한 각의 크기는 $180°-30°-25°=125°$입니다.
따라서 삼각형의 세 각 중 한 각이 둔각이므로 둔각삼각형입니다.　답 둔각삼각형

평가기준	삼각형의 나머지 한 각의 크기를 구한 경우	2점	합 5점
	삼각형의 이름을 바르게 설명한 경우	3점	

3

✏️ 나머지 한 각의 크기를 알아보면
㉠ $180°-85°-45°=50°$
㉡ $180°-25°-65°=90°$
㉢ $180°-40°-30°=110°$
㉣ $180°-50°-55°=75°$
이므로 세 각이 모두 예각인 삼각형은 ㉠, ㉣입니다.
따라서 예각삼각형은 모두 2개입니다.

답 2개

평가기준	주어진 삼각형의 나머지 한 각의 크기를 설명한 경우	2점	합 5점
	예각삼각형을 바르게 찾아 개수를 구한 경우	3점	

2. 삼각형(5)

서술형 완성하기　　　　　p. 24

1 3, 3, 13　답 13개

2 2, 2, 4　답 4개

서술형 정복하기　　　　　p. 25

1

✏️ 삼각형 1개로 이루어진 예각삼각형 : 2개
삼각형 2개로 이루어진 예각삼각형 : 2개
삼각형 5개로 이루어진 예각삼각형 : 1개
따라서 크고 작은 예각삼각형은 모두
$2+2+1=5$(개)입니다.

답 5개

| 평가 기준 | 삼각형 1개, 2개, 5개로 이루어진 예각삼각형으로 구분하여 설명한 경우 | 2점 | 합 5점 |
| | 크고 작은 예각삼각형의 개수를 모두 구한 경우 | 3점 | |

2

삼각형 1개로 이루어진 둔각삼각형 : 4개
삼각형 2개로 이루어진 둔각삼각형 : 1개
삼각형 4개로 이루어진 둔각삼각형 : 2개
따라서 크고 작은 둔각삼각형은 모두
$4+1+2=7$(개)입니다.　　　　답　7개

| 평가 기준 | 삼각형 1개, 2개, 4개로 이루어진 둔각삼각형으로 구분하여 설명한 경우 | 2점 | 합 5점 |
| | 크고 작은 둔각삼각형의 개수를 모두 구한 경우 | 3점 | |

3

삼각형 1개로 이루어진 정삼각형 : 12개
삼각형 4개로 이루어진 정삼각형 : 6개
삼각형 9개로 이루어진 정삼각형 : 2개
따라서 크고 작은 정삼각형은 모두
$12+6+2=20$(개)입니다.　　　답　20개

| 평가 기준 | 삼각형 1개, 4개, 9개로 이루어진 정삼각형으로 구분하여 설명한 경우 | 2점 | 합 5점 |
| | 크고 작은 정삼각형의 개수를 모두 구한 경우 | 3점 | |

실전! 서술형　　　　　　　p. 26 ~ 27

1

이등변삼각형은 두 변의 길이가 같으므로
(변 ㄱㄷ)=(변 ㄱㄴ)=10 cm입니다.
따라서 삼각형 ㄱㄴㄷ의 세 변의 길이의 합은
$10+10+15=35$(cm)입니다.

답　35 cm

| 평가 기준 | 변 ㄱㄷ의 길이를 바르게 구한 경우 | 2점 | 합 5점 |
| | 삼각형의 세 변의 길이의 합을 바르게 구한 경우 | 3점 | |

2

- 길이가 같은 두 변 중 한 변이 15 cm인 이등변삼각형이면 다른 두 변의 길이는 각각 15 cm, $35-15-15=5$(cm)입니다.
- 길이가 다른 한 변이 15 cm인 이등변삼각형이면 다른 두 변의 길이의 합은 $35-15=20$(cm)이므로 다른 두 변의 길이는 각각 10 cm, 10 cm입니다.

따라서 다른 두 변의 길이로 가능한 것은
15 cm, 5 cm 또는 10 cm, 10 cm입니다.

답　15 cm, 5 cm 또는 10 cm, 10 cm

| 평가 기준 | 1가지를 설명할 때마다 3점씩 배점하여 총 6점이 되도록 평가합니다. | 합 6점 |

3

정삼각형은 세 변의 길이가 같으므로 한 변의 길이는 $48÷3=16$(cm)입니다.

답　16 cm

| 평가 기준 | 정삼각형의 세 변의 길이가 같음을 설명한 경우 | 2점 | 합 5점 |
| | 한 변의 길이를 구한 경우 | 3점 | |

4

이등변삼각형은 두 각의 크기가 같으므로
(각 ㄷㄱㄴ)=(각 ㄱㄷㄴ)이고,
(각 ㄷㄱㄴ)=(각 ㄱㄷㄴ)
$\qquad =(180°-40°)÷2=70°$입니다.
따라서 ㉠$=180°-70°=110°$입니다.

답　110°

| 평가 기준 | 크기가 같은 두 각을 설명하고, 각 ㄱㄴㄷ의 크기를 구한 경우 | 3점 | 합 6점 |
| | ㉠의 크기를 구한 경우 | 3점 | |

5

(나머지 한 각의 크기)$=180°-30°-50°$
$\qquad\qquad\qquad\qquad =100°$
따라서 삼각형의 세 각 중 한 각이 둔각이므로 둔각삼각형입니다.

답　둔각삼각형

정답과 풀이

평가 기준	삼각형의 나머지 한 각의 크기를 구 한 경우	2점	합 5점
	삼각형의 이름을 바르게 설명한 경우	3점	

6

✏️ 삼각형 1개로 이루어진 예각삼각형 : 8개
삼각형 4개로 이루어진 예각삼각형 : 4개
따라서 크고 작은 예각삼각형은 모두
8＋4＝12(개)입니다.

📝 답 12개

평가 기준	삼각형 1개, 4개로 이루어진 예각삼 각형으로 구분하여 설명한 경우	2점	합 5점
	크고 작은 예각삼각형의 개수를 모 두 구한 경우	3점	

쉬어가기

본책 28쪽

③ 소수의 덧셈과 뺄셈

3. 소수의 덧셈과 뺄셈 (1)

서술형 완성하기

p. 30

1 4.2, 0.05, 84.25   📝 답 84.25

2 0.8, 0.029, 5.829   📝 답 5.829

서술형 정복하기

p. 31

1

✏️ 10이 3개이면 30, 1이 5개이면 5, 0.01이
18개이면 0.18, 0.001이 6개이면 0.006입
니다.
따라서 소수로 나타내면 35.186입니다.

📝 답 35.186

평가 기준	각 수의 크기를 모두 바르게 설명한 경우	2점	합 5점
	소수로 바르게 나타낸 경우	3점	

2

✏️ 10이 6개이면 60, 0.1이 49개이면 4.9, $\frac{1}{100}$
이 7개이면 0.01이 7개이므로 0.07입니다.
따라서 설명하는 수를 소수로 나타내면
64.97입니다.

📝 답 64.97

평가 기준	각 수의 크기를 모두 바르게 설명한 경우	2점	합 5점
	소수로 바르게 나타낸 경우	3점	

3

✏️ 1이 6개이면 6, $\frac{1}{10}$이 14개이면 0.1이 14개
이므로 1.4, 0.01이 8개이면 0.08, $\frac{1}{1000}$이
3개이면 0.001이 3개이므로 0.003입니다.
따라서 설명하는 수를 소수로 나타내면 7.483
입니다.

📝 답 7.483

평가 기준	각 수의 크기를 모두 바르게 설명한 경우	2점	합 5점
	소수로 바르게 나타낸 경우	3점	

3. 소수의 덧셈과 뺄셈 (2)

서술형 완성하기   p. 32

1 0.001, 192, 0.192   **답** 0.192 km

2 0.01, 86, 0.86   **답** 0.86 m

3 0.001, 576, 0.576   **답** 0.576 kg

서술형 정복하기   p. 33

1

1 km=1000 m이므로

$1 m=\dfrac{1}{1000} km=0.001 km$입니다.

따라서 $6090 m=\dfrac{6090}{1000} km=6.09 km$입니다.

답 6.09 km

평가 기준	1 m=0.001 km임을 설명한 경우	2점	합 4점
	6090 m가 몇 km인지 소수로 나타낸 경우	2점	

2

㉠ $1 mL=\dfrac{1}{1000} L=0.001 L$이므로

$50 mL=\dfrac{50}{1000} L=0.05 L$입니다.

㉡ $1 cm=\dfrac{1}{100} m=0.01 m$이므로

$308 cm=\dfrac{308}{100} m=3.08 m$입니다.

따라서 단위 사이의 관계를 잘못 나타낸 것은 ㉡입니다.

답 ㉡

평가 기준	50 mL가 몇 L인지 소수로 나타낸 경우	2점	합 5점
	308 cm가 몇 m인지 소수로 나타낸 경우	2점	
	단위 사이의 관계를 잘못 나타낸 것을 찾은 경우	1점	

3

$700 cm=\dfrac{700}{100} m=7 m$이고,

$7 m=\dfrac{7}{1000} km=0.007 km$입니다.

따라서 700 cm=0.007 km이므로 철봉과 구름사다리 사이의 거리는 0.007 km입니다.

답 0.007 km

평가 기준	700 cm를 m 단위로 바르게 나타낸 경우	2점	합 5점
	m 단위를 km 단위로 바르게 나타내어 철봉과 구름사다리 사이의 거리가 몇 km인지 구한 경우	3점	

3. 소수의 덧셈과 뺄셈 (3)

서술형 완성하기   p. 34

1 0.02, 0.02, 100, 100   **답** 100배

2 0.06, 0.06, 1000, 1000   **답** 1000배

서술형 정복하기   p. 35

1

㉠은 일의 자리 숫자이므로 9를 나타내고 ㉡은 소수 셋째 자리 숫자이므로 0.009를 나타냅니다.

➡ 9는 0.009의 1000배입니다.

따라서 ㉠이 나타내는 값은 ㉡이 나타내는 값의 1000배입니다.

답 1000배

평가 기준	㉠과 ㉡이 나타내는 값을 바르게 구한 경우	2점	합 5점
	㉠이 나타내는 값은 ㉡이 나타내는 값의 몇 배인지 구한 경우	3점	

2

㉠은 소수 첫째 자리 숫자이므로 0.8을 나타내고 ㉡은 소수 둘째 자리 숫자이므로 0.08을 나타냅니다.

➡ 0.8은 0.08의 10배입니다.
따라서 ㉠이 나타내는 값은 ㉡이 나타내는 값의 10배입니다.

답 10배

평가 기준	㉠과 ㉡이 나타내는 값을 바르게 구한 경우	2점	합 5점
	㉠이 나타내는 값은 ㉡이 나타내는 값의 몇 배인지 구한 경우	3점	

3

🖊 71.603에서 숫자 7은 십의 자리 숫자이므로 70을 나타내고 8.794에서 숫자 7은 소수 첫째 자리 숫자이므로 0.7을 나타냅니다.
➡ 70은 0.7의 100배입니다.
따라서 71.603에서 숫자 7이 나타내는 값은 8.794에서 숫자 7이 나타내는 값의 100배입니다.

답 100배

평가 기준	71.603과 8.794에서 숫자 7이 나타내는 값을 바르게 구한 경우	2점	합 5점
	몇 배인지 구한 경우	3점	

평가 기준	두 소수의 크기를 바르게 비교한 경우	3점	합 5점
	더 빨리 달린 사람을 구한 경우	2점	

2

🖊 1 cm=0.01 m이므로 138 cm=1.38 m입니다.
따라서 1.38<1.45이므로 키가 더 큰 사람은 효근입니다.

답 효근

평가 기준	한솔이의 키를 m 단위로 고친 경우	3점	합 6점
	한솔이와 효근이의 키를 비교하여 더 큰 사람을 구한 경우	3점	

3

🖊 1 g=0.001 kg이므로 526 g=0.526 kg입니다.
따라서 0.526>0.48>0.394이므로 가장 무거운 물건부터 차례로 쓰면 필통, 스케치북, 비커입니다.

답 필통, 스케치북, 비커

평가 기준	필통의 무게를 kg 단위로 고친 경우	3점	합 6점
	세 물건의 무게를 비교하여 가장 무거운 물건부터 차례로 쓴 경우	3점	

3. 소수의 덧셈과 뺄셈 (4)

서술형 완성하기　　　p. 36

1 3, <, <, 효근　**답** 효근

2 82.5, 82.5, >, 신영　**답** 신영

서술형 정복하기　　　p. 37

1

🖊 두 수 8.873과 8.92의 크기를 비교하면 일의 자리 숫자는 같고 소수 첫째 자리 숫자가 8<9이므로 8.873<8.92입니다.
따라서 동민이가 더 빨리 달렸습니다.

답 동민

3. 소수의 덧셈과 뺄셈 (5)

서술형 완성하기　　　p. 38

1 0.4, 0.4, <, ㉠　**답** ㉠

2 1.74, 1.74

서술형 정복하기　　　p. 39

1

🖊 53.9의 10배인 수는 539이고 539의 $\frac{1}{100}$인 수는 5.39입니다.
따라서 539>5.39이므로 더 큰 수는 ㉠입니다.

답 ㉠

평가 기준	두 수를 각각 바르게 설명한 경우	2점	합 5점
	두 수의 크기를 비교하여 더 큰 수를 찾은 경우	3점	

2

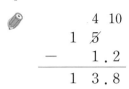
0.4의 100배인 수는 40, 400의 $\frac{1}{1000}$인
수는 0.4, 0.004의 1000배인 수는 4입니다.
따라서 40>4>0.4이므로 가장 큰 수부터
차례로 기호를 쓰면 ㉠, ㉢, ㉡입니다.

답 ㉠, ㉢, ㉡

평가 기준	세 수를 모두 바르게 설명한 경우	2점	합 5점
	세 수의 크기를 비교하여 큰 수부터 차례로 기호를 쓴 경우	3점	

3

28의 $\frac{1}{100}$인 수는 0.28이므로 상연이가 사
용한 철사의 길이는 0.28 m입니다.

208의 $\frac{1}{1000}$인 수는 0.208이므로 동민이
가 사용한 철사의 길이는 0.208 m입니다.
따라서 0.28>0.208이므로 상연이가 철사를
더 많이 사용하였습니다.

답 상연

평가 기준	상연이와 동민이가 사용한 철사의 길이를 모두 바르게 설명한 경우	3점	합 6점
	철사를 더 많이 사용한 사람을 구한 경우	3점	

3. 소수의 덧셈과 뺄셈 (6)

서술형 완성하기 p.40

1
```
     1
   3.7 2
+ 2 1.9
  2 5.6 2
```
, 소수점

2
```
   7 10
   8.4 1
-   3.9
   4.5 1
```
, 일, 일, 1, 4

서술형 정복하기 p.41

1

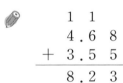
```
      4 10
   1 5̶
-    1.2
   1 3.8
```
소수점의 자리를 맞추지 않고 계산하였습니
다.
15=15.0이라고 생각하여 15.0과 1.2의 소
수점의 자리를 맞추어 계산해야 합니다.

평가 기준	잘못된 이유를 바르게 설명한 경우	2점	합 4점
	바르게 계산한 경우	2점	

2

```
   1 1
   4.6 8
+ 3.5 5
  8.2 3
```
받아올림이 바르게 되지 않았습니다.
소수 둘째 자리 숫자의 합이 10보다 크므로
소수 첫째 자리로 1 받아올림해야 하고, 소수
첫째 자리 숫자의 합이 10보다 크므로 일의
자리로 1 받아올림해야 합니다.

평가 기준	잘못된 이유를 바르게 설명한 경우	2점	합 4점
	바르게 계산한 경우	2점	

3

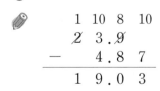
```
   1 10 8 10
   2̶ 3.9̶
-   4.8 7
  1 9.0 3
```
받아내림을 생각하지 않았습니다.
자릿수가 다른 소수의 계산에서는 소수점 아
래 끝자리 뒤에 0이 있는 것으로 생각하고 계
산합니다.
즉 23.9=23.90으로 생각하고 받아내림하여
계산해야 합니다.

평가 기준	잘못된 이유를 바르게 설명한 경우	2점	합 4점
	바르게 계산한 경우	2점	

3. 소수의 덧셈과 뺄셈 (7)

서술형 완성하기   p. 42

1

| | | | | | | | | | | | | | ✕ | ✕ | ✕ | ✕ | ✕ | ✕ | ✕ | | | | | | |

0 0.10.20.30.40.50.60.70.80.9 1 1.11.21.31.41.5

7, 0.7

2 1760, 1760, 5705, 5.705, 0.76, 0.76, 1.705, 5.705

서술형 정복하기   p. 43

1

0.42는 0.01이 42개이므로 42칸 색칠하고 0.35는 0.01이 35개이므로 35칸 색칠합니다. 칠해진 전체 칸 수를 세어 보면 모두 77칸이므로 0.42+0.35=0.77입니다.

답 0.77

평가 기준	소수만큼 바르게 색칠한 경우	1점	합 4점
	그림을 이용하여 논리적으로 설명한 경우	2점	
	답을 구한 경우	1점	

2

[방법 1] 3.7은 0.01이 370개이고 2.84는 0.01이 284개입니다.
따라서 3.7+2.84는 0.01이 370+284=654(개)이므로 3.7+2.84=6.54입니다.

[방법 2] 3.7+2.84
$=(3+2)+(0.7+0.84)$
$=5+1.54=6.54$

평가 기준	1가지 방법을 설명할 때마다 2점씩 배점하여 총 4점이 되도록 평가합니다.	합 4점

3

[방법 1] 9.1은 0.001이 9100개이고 4.762는 0.001이 4762개입니다.

따라서 9.1−4.762는 0.001이 9100−4762=4338(개)이므로 9.1−4.762=4.338입니다.

[방법 2] 9.1−4.762
$=(8+1.1)-(4+0.762)$
$=(8-4)+(1.1-0.762)$
$=4+0.338=4.338$

평가 기준	1가지 방법을 설명할 때마다 2점씩 배점하여 총 4점이 되도록 평가합니다.	합 4점

3. 소수의 덧셈과 뺄셈 (8)

서술형 완성하기   p. 44

1 뺄셈식, 2.96, 2.34, 2.34   답 2.34 kg

2 덧셈식, 150.3, 152.1, 152.1
답 152.1 cm

서술형 정복하기   p. 45

1

한초의 몸무게는 동민이의 몸무게보다 가벼우므로 뺄셈식을 세워 답을 구합니다.
(한초의 몸무게)=(동민이의 몸무게)−6.4
$=52-6.4=45.6(kg)$
따라서 한초의 몸무게는 45.6 kg입니다.

답 45.6 kg

평가 기준	문제의 상황에 알맞은 뺄셈식을 세운 경우	3점	합 5점
	뺄셈식을 바르게 계산하여 답을 구한 경우	2점	

2

두 사람의 기록 차를 묻는 것이므로 뺄셈식을 세워 답을 구합니다.
두 사람의 기록을 비교하면 19.83>19.27이므로 예슬이가 19.83−19.27=0.56(초) 더 빨리 달렸습니다.

답 예슬, 0.56초

평가기준	두 소수의 크기를 비교하여 문제의 상황에 알맞은 뺄셈식을 세운 경우	3점	합 5점
	뺄셈식을 바르게 계산하여 답을 구한 경우	2점	

3

🖊 지하철역에서 한별이네 집까지의 거리와 한별이네 집에서 서점까지의 거리의 합을 묻는 것이므로 덧셈식을 세워 답을 구합니다.
(지하철역에서 한별이네 집까지의 거리)
+(한별이네 집에서 서점까지의 거리)
$=1.894+0.75=2.644(km)$
따라서 지하철역에서 서점까지의 거리는 2.644 km입니다.

답 2.644 km

평가기준	문제의 상황에 알맞은 덧셈식을 세운 경우	3점	합 5점
	덧셈식을 바르게 계산하여 답을 구한 경우	2점	

3. 소수의 덧셈과 뺄셈 (9)

서술형 완성하기 　　　　　　　　p. 46

1 0.45, 덧셈식, 0.45, 1.25, 1.25

　답 1.25 kg

2 0.6, 뺄셈식, 0.6, 0.9, 0.9　답 0.9 m

서술형 정복하기 　　　　　　　　p. 47

1

🖊 빈 통의 무게를 kg 단위로 나타내면
145 g=0.145 kg입니다.
샴푸만의 무게는 샴푸가 들어 있는 통의 무게에서 빈 통의 무게를 빼면 되므로 뺄셈식을 세워 답을 구합니다.
(샴푸가 들어 있는 통의 무게)-(빈 통의 무게)
$=0.82-0.145=0.675(kg)$
따라서 샴푸만의 무게는 0.675 kg입니다.

답 0.675 kg

평가기준	단위를 통일하고 문제의 상황에 알맞은 뺄셈식을 세운 경우	3점	합 5점
	뺄셈식을 바르게 계산하여 답을 구한 경우	2점	

2

🖊 은행에서 우체국까지의 거리를 km 단위로 나타내면 860 m=0.86 km입니다.
집에서 우체국까지의 전체 거리를 묻는 문제이므로 덧셈식을 세워 답을 구합니다.
(집에서 은행까지의 거리)+(은행에서 우체국까지의 거리)$=1.395+0.86=2.255(km)$
따라서 집에서 은행을 거쳐 우체국까지의 거리는 모두 2.255 km입니다.

답 2.255 km

평가기준	단위를 통일하고 문제의 상황에 알맞은 덧셈식을 세운 경우	3점	합 5점
	덧셈식을 바르게 계산하여 답을 구한 경우	2점	

3

🖊 가로와 세로의 길이의 차를 cm 단위로 나타내면 70 mm=7 cm입니다.
가로는 세로보다 짧으므로 뺄셈식을 세워 가로의 길이를 구하면 $25.7-7=18.7(cm)$입니다.
따라서 가로와 세로의 길이의 합은 $18.7+25.7=44.4(cm)$입니다.

답 44.4 cm

평가기준	가로의 길이를 바르게 구한 경우	3점	합 5점
	답을 바르게 구한 경우	2점	

3. 소수의 덧셈과 뺄셈 (10)

서술형 완성하기 　　　　　　　　p. 48

1 0.29, 0.29, 1.03, 1.03　답 1.03 m

2 8.9, 8.9, 4.715, 4.715　답 4.715 kg

정답과 풀이

서술형 정복하기　　p. 49

1

✏️ 밭에 뿌린 비료의 양을 ☐ kg이라고 하면
8.6−☐=3.92에서
☐=8.6−3.92=4.68(kg)입니다.
따라서 밭에 뿌린 비료는 4.68 kg입니다.

답　4.68 kg

평가기준	밭에 뿌린 비료의 양을 ☐kg이라고 하여 문제 상황에 알맞은 뺄셈식을 세운 경우	3점	합 6점
	덧셈과 뺄셈의 관계를 이용하여 ☐를 바르게 구한 경우	3점	

2

✏️ 한별이의 달리기 기록을 ☐초라고 하면
☐+2.4=18.05에서
☐=18.05−2.4=15.65(초)입니다.
따라서 한별이의 달리기 기록은 15.65초입니다.

답　15.65초

평가기준	한별이의 달리기 기록을 ☐초라고 하여 문제 상황에 알맞은 덧셈식을 세운 경우	3점	합 6점
	덧셈과 뺄셈의 관계를 이용하여 ☐를 바르게 구한 경우	3점	

3

✏️ 어떤 수를 ☐라고 하면 ☐+2.06=8에서
☐=8−2.06=5.94입니다.
따라서 어떤 수가 5.94이므로 바르게 계산하면 5.94−2.06=3.88입니다.

답　3.88

평가기준	어떤 수를 ☐로 하여 식을 세워 ☐를 바르게 구한 경우	3점	합 6점
	어떤 수를 이용하여 바르게 계산한 값을 구한 경우	3점	

실전! 서술형　　p. 50 ~ 51

1

✏️ 1이 14개이면 14, 0.1이 7개이면 0.7,
$\frac{1}{1000}$이 69개이면 0.001이 69개이므로

0.069입니다.
따라서 소수로 나타내면 14.769입니다.

답　14.769

평가기준	각 수의 크기를 모두 바르게 설명한 경우	2점	합 5점
	소수로 바르게 나타낸 경우	3점	

2

✏️ ㉠은 일의 자리 숫자이므로 5를 나타내고 ㉡은 소수 둘째 자리 숫자이므로 0.05를 나타냅니다.
➡ 5는 0.05의 100배입니다.
따라서 ㉠이 나타내는 값은 ㉡이 나타내는 값의 100배입니다.

답　100배

평가기준	㉠과 ㉡이 나타내는 값을 바르게 구한 경우	2점	합 5점
	㉠이 나타내는 값은 ㉡이 나타내는 값의 몇 배인지 구한 경우	3점	

3

✏️ 두 수 13.3과 13.8의 크기를 비교하면 십의 자리 숫자와 일의 자리 숫자는 같고 소수 첫째 자리 숫자가 3<8이므로 13.3<13.8입니다.
따라서 한초의 한 뼘이 더 깁니다.

답　한초

평가기준	두 소수의 크기를 바르게 비교한 경우	3점	합 5점
	한 뼘의 길이가 더 긴 사람을 구한 경우	2점	

4

✏️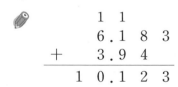

소수점의 자리를 맞추지 않고 계산하였습니다.
6.183과 3.94의 소수점의 자리를 맞추어 계산해야 합니다.

평가기준	잘못된 이유를 바르게 설명한 경우	2점	합 4점
	바르게 계산한 경우	2점	

5

🖊 의자의 높이를 m 단위로 나타내면
80 cm＝0.8 m입니다.
의자 위에 올라선 전체 높이를 구해야 하므로
덧셈식을 세워 답을 구합니다.
(동민이의 키)＋(의자의 높이)
＝1.4＋0.8＝2.2(m)
따라서 동민이가 의자 위에 올라서서 키를 재
면 2.2 m가 됩니다.

답 2.2 m

평가기준	단위를 통일하고 문제 상황에 알맞은 덧셈식을 세운 경우	3점	합 5점
	덧셈식을 바르게 계산하여 답을 구한 경우	2점	

6

🖊 과학 실험을 하는 데 사용한 식염수의 양을
□L라고 하면
0.84－□＝0.55에서
□＝0.84－0.55＝0.29(L)입니다.
따라서 과학 실험을 하는 데 사용한 식염수의
양은 0.29 L입니다.

답 0.29 L

평가기준	과학 실험을 하는 데 사용한 식염수의 양을 □L라고 하여 문제 상황에 알맞은 뺄셈식을 세운 경우	3점	합 6점
	덧셈과 뺄셈의 관계를 이용하여 □를 바르게 구한 경우	3점	

쉬어가기
본책 52쪽

4 사각형

4. 사각형 (1)

서술형 완성하기
p. 54

1 수직, 수선

2 ㄴㄷ, ㅁㄹ, ㅁㄹ, 3 **답** 3쌍

서술형 정복하기
p. 55

1

🖊 **예** 직선 나와 직선 마는 서로 수직입니다.
직선 나는 직선 마에 대한 수선입니다.

평가기준	'수직'을 넣어 만든 문장이 올바른 경우	2점	합 4점
	'수선'을 넣어 만든 문장이 올바른 경우	2점	

2

🖊 변 ㄴㄷ과 서로 수직인 변은 변 ㄱㄴ과 변 ㄹㄷ
입니다.
따라서 변 ㄴㄷ에 대한 수선은 변 ㄱㄴ과 변
ㄹㄷ으로 모두 2개입니다.

답 2개

평가기준	수직 관계에 있는 선분을 모두 찾아 수선을 설명한 경우	3점	합 4점
	답을 바르게 구한 경우	1점	

3

🖊 직각을 이루는 두 직선을 모두 찾아보면 직선
가와 직선 다, 직선 나와 직선 다, 직선 라와
직선 마입니다.
따라서 서로 수직인 직선은 모두 3쌍입니다.

답 3쌍

평가기준	서로 수직인 직선을 모두 찾아서 서술한 경우	3점	합 4점
	답을 바르게 구한 경우	1점	

4. 사각형 (2)

서술형 완성하기　　　　　　　p. 56

1 ㄴㄷ, ㄹㄷ, 2　**답** 2쌍

2 다, 마, 아, 3　**답** 3쌍

서술형 정복하기　　　　　　　p. 57

1

🖊 서로 평행한 변을 모두 찾아보면 변 ㄱㅂ과
변 ㄷㄹ, 변 ㄱㄴ과 변 ㅁㄹ, 변 ㄴㄷ과 변 ㅂㅁ
입니다.
따라서 서로 평행한 변은 모두 3쌍입니다.

답 3쌍

평가기준	서로 평행한 변을 모두 찾아 서술한 경우	3점	합4점
	찾은 것을 바르게 세어 답을 구한 경우	1점	

2

🖊 서로 평행한 직선을 모두 찾아보면 직선 가와
직선 나, 직선 가와 직선 다, 직선 나와 직선
다, 직선 라와 직선 마, 직선 라와 직선 바, 직
선 마와 직선 바입니다.
따라서 평행선은 모두 6쌍입니다.

답 6쌍

평가기준	서로 평행한 직선을 모두 찾아 서술한 경우	3점	합4점
	찾은 평행선을 바르게 세어 답을 구한 경우	1점	

3

🖊 서로 평행한 변을 모두 찾아보면 변 ㄱㅂ과
변 ㄷㄴ, 변 ㄱㅂ과 변 ㄹㅁ, 변 ㄷㄴ과 변 ㄹㅁ,
변 ㄱㄴ과 변 ㅂㅁ입니다.
따라서 서로 평행한 변은 모두 4쌍입니다.

답 4쌍

평가기준	서로 평행한 변을 모두 찾아 서술한 경우	3점	합4점
	찾은 것을 바르게 세어 답을 구한 경우	1점	

4. 사각형 (3)

서술형 완성하기　　　　　　　p. 58

1 수선, ㄱㄷ　**답** 선분 ㄱㄷ

2

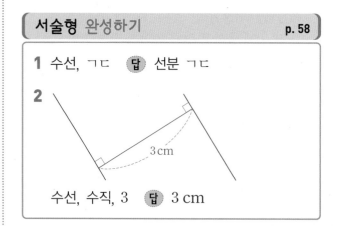

수선, 수직, 3　**답** 3 cm

서술형 정복하기　　　　　　　p. 59

1

🖊 평행선 사이의 거리는 평행선 사이의 수선의
길이이므로 자를 두 평행선과 수직이 되도록
놓고 자의 눈금과 평행선이 겹치게 하여 재어
야 합니다.
따라서 두 직선 가와 나 사이의 거리를 바르
게 잰 사람은 영수입니다.

답 영수

평가기준	평행선 사이의 거리를 재는 방법에 대해 바르게 설명한 경우	2점	합4점
	답을 바르게 구한 경우	2점	

2

🖊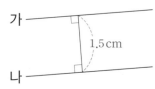

평행선 사이의 거리는 평행선 사이의 수선의
길이입니다.
따라서 두 직선 가와 나 사이에 수직인 선분
을 긋고 그 길이를 재어 보면 1.5 cm이므로
두 직선 가와 나 사이의 거리는 1.5 cm입니
다.

평가기준	설명이 논리적이고 바른 경우	3점

3

✏️ 평행선 사이의 거리는 평행선 사이의 수선의 길이이므로 직선 **가**와 **나** 사이의 거리는 12 cm이고, 직선 **나**와 **다** 사이의 거리는 8 cm입니다.

따라서 (직선 **가**와 **다** 사이의 거리)=(직선 **가**와 **나** 사이의 거리)+(직선 **나**와 **다** 사이의 거리)=12+8=20(cm)입니다.

📋 답 20 cm

평가기준	풀이 과정이 바른 경우	3점	합 5점
	답을 바르게 구한 경우	2점	

4. 사각형 (4)

서술형 완성하기   p. 60

1 ㅁㄹ, ㅁㄹ, ㄱㅁ, 12   📋 답 12 cm

2 ㄹㄷ, 12, 18   📋 답 18 cm

서술형 정복하기   p. 61

1

✏️ 도형에서 평행한 두 변은 변 ㄱㄹ과 변 ㄴㄷ입니다.

따라서 변 ㄱㄹ과 변 ㄴㄷ 사이의 거리는 두 변에 수직인 선분 ㄱㅁ의 길이이므로 12 cm입니다.

📋 답 12 cm

평가기준	평행한 두 변과 그 사이의 수직인 선분을 모두 바르게 찾아 설명한 경우	3점	합 5점
	답을 바르게 구한 경우	2점	

2

✏️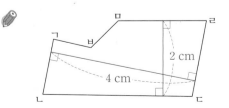

도형에서 서로 평행한 두 변은 변 ㄱㄴ과 변 ㄹㄷ, 변 ㅁㄹ과 변 ㄴㄷ입니다.

변 ㄱㄴ과 변 ㄹㄷ 사이에 수직인 선분을 긋고 그 길이를 재어 보면 4 cm이고,

변 ㅁㄹ과 변 ㄴㄷ 사이에 수직인 선분을 긋고 그 길이를 재어 보면 2 cm입니다.

따라서 두 거리의 차는 4−2=2(cm)입니다.

📋 답 2 cm

평가기준	두 쌍의 평행선을 모두 바르게 찾은 경우	2점	합 5점
	각각의 평행선 사이의 거리를 모두 바르게 잰 경우	2점	
	답을 바르게 구한 경우	1점	

3

✏️ 두 평행선 변 ㄱㅂ과 변 ㄹㅁ 사이의 거리는 두 변에 수직인 변 ㄱㄴ과 변 ㄷㄹ의 길이의 합과 같습니다.

따라서 두 평행선 사이의 거리는 7+2=9(cm)입니다.

📋 답 9 cm

평가기준	두 평행선 사이의 수직인 선분을 모두 바르게 찾아 설명한 경우	3점	합 5점
	답을 바르게 구한 경우	2점	

4. 사각형 (5)

서술형 완성하기   p. 62

1 4, 4, 4, 4, 16   📋 답 16 cm

2 ㄱㄹㄷ, 110°   📋 답 110°

서술형 정복하기   p. 63

1

✏️ 직사각형은 마주 보는 변의 길이가 같으므로 변 ㄴㄷ의 길이는 7 cm, 변 ㄹㄷ의 길이는 3 cm입니다.

따라서 직사각형의 네 변의 길이의 합은
7＋3＋7＋3＝20(cm)입니다.

답 20 cm

평가 기준	변 ㄴㄷ과 변 ㄹㄷ의 길이를 구한 경우	3점	합 5점
	답을 바르게 구한 경우	2점	

2

마름모는 마주 보는 각의 크기가 같습니다.
(각 ㄴㄱㄹ)＝(각 ㄴㄷㄹ)＝135°이고,
(각 ㄱㄴㄷ)＝(각 ㄱㄹㄷ)＝□라 하면
사각형의 네 각의 크기의 합은 360°이므로
135°＋□＋135°＋□＝360°입니다.
따라서 □＋□＝90°, □＝45°이므로
각 ㄱㄹㄷ의 크기는 45°입니다.

답 45°

평가 기준	풀이 과정이 바른 경우	3점	합 5점
	답을 바르게 구한 경우	2점	

3

마름모는 네 변의 길이가 모두 같으므로 마름모 모양 퍼즐 조각의 둘레는
8＋8＋8＋8＝32(cm)입니다.
평행사변형은 마주 보는 변의 길이가 같으므로 변 ㄴㄷ의 길이를 □ cm라고 하면
4＋□＋4＋□＝32입니다.
따라서 □＋□＝24, □＝12이므로 변 ㄴㄷ의 길이는 12 cm입니다.

답 12 cm

평가 기준	마름모 모양 퍼즐 조각의 둘레를 구한 경우	2점	합 5점
	답을 바르게 구한 경우	3점	

4. 사각형 (6)

서술형 완성하기   p. 64

1 네 변의 길이

2 평행사변형, 직사각형, 사다리꼴

답 ㉡, ㉣, ㉤

서술형 정복하기   p. 65

1

평행사변형은 항상 네 변의 길이가 모두 같은 것은 아니므로 마름모라고 할 수 없습니다.

평가 기준	평행사변형이 마름모가 아닌 이유를 바르게 설명한 경우	3점

2

사각형 가는 네 각이 모두 직각이지만 네 변의 길이가 모두 같지 않으므로 정사각형이 아닙니다.
사각형 나는 네 변의 길이가 모두 같지만 네 각이 모두 직각이 아니므로 정사각형이 아닙니다.

평가 기준	사각형 가가 정사각형이 아닌 이유를 바르게 설명한 경우	2점	합 4점
	사각형 나가 정사각형이 아닌 이유를 바르게 설명한 경우	2점	

3

평행사변형은 마주 보는 두 쌍의 변이 서로 평행해야 하는데 사다리꼴은 마주 보는 한 쌍의 변이 서로 평행하므로 평행사변형이라고 할 수 없습니다.

답 ㉢

평가 기준	평행사변형이라고 할 수 없는 사각형을 바르게 찾은 경우	2점	합 4점
	평행사변형이라고 할 수 없는 이유를 바르게 설명한 경우	2점	

실전! 서술형   p. 66 ~ 67

1

직각을 이루는 두 직선을 모두 찾아보면 직선 가와 직선 나, 직선 가와 직선 바, 직선 다와 직선 마입니다.
따라서 서로 수직인 직선은 모두 3쌍입니다.

답 3쌍

평가 기준	서로 수직인 직선을 모두 찾아 서술한 경우	3점	합 4점
	찾은 것을 바르게 세어 답을 구한 경우	1점	

2

평행선 사이의 거리는 평행선 사이의 수선의 길이입니다.
따라서 두 평행선 사이에 수직인 선분을 긋고 그 길이를 재어 보면 2.5 cm입니다.

답 2.5 cm

평가 기준	설명이 논리적이고 바른 경우	3점	합 4점
	답을 구한 경우	1점	

3

평행선 사이의 거리는 평행선 사이의 수선의 길이이므로 직선 가와 나 사이의 거리는 8 cm입니다.
따라서 직선 가와 다 사이의 거리는 13 cm, 직선 가와 나 사이의 거리는 8 cm이고
(직선 가와 다 사이의 거리)=(직선 가와 나 사이의 거리)+(직선 나와 다 사이의 거리)이므로
직선 나와 다 사이의 거리는 13-8=5(cm)입니다.

답 5 cm

평가 기준	직선 가와 다, 직선 가와 나 사이의 거리를 이용하여 직선 나와 다 사이의 거리를 설명한 경우	3점	합 5점
	답을 구한 경우	2점	

4

마름모는 마주 보는 각의 크기가 같습니다.
(각 ㄱㄹㄷ)=(각 ㄱㄴㄷ)=110°이고,
(각 ㄴㄷㄹ)=(각 ㄴㄱㄹ)=□라 하면
사각형의 네 각의 크기의 합은 360°이므로
110°+□+110°+□=360°입니다.

따라서 □+□=140°, □=70°이므로 각 ㄴㄷㄹ의 크기는 70°입니다.

답 70°

평가 기준	풀이 과정이 바른 경우	3점	합 5점
	답을 바르게 구한 경우	2점	

5

평행사변형은 마주 보는 변의 길이가 같으므로 긴 변 한 개의 길이를 □ cm라 하면
8+□+8+□=42입니다.
□+□=26, □=13이므로 긴 변 한 개의 길이는 13 cm입니다.
따라서 긴 변 한 개와 짧은 변 한 개의 길이의 차는 13-8=5(cm)입니다.

답 5 cm

평가 기준	풀이 과정이 바른 경우	3점	합 5점
	답을 바르게 구한 경우	2점	

6

마름모는 항상 네 각이 모두 직각인 것은 아니므로 직사각형이라고 할 수 없습니다.

평가 기준	이유가 논리적이고 바른 경우	3점

쉬어가기 본책 68쪽

정답과 풀이

5 꺾은선그래프

5. 꺾은선그래프 (1)

서술형 완성하기   p. 70

1 21, 15, 18   답 약 18°C

2 21, 9, 21, 9, 12   답 12°C

서술형 정복하기   p. 71

1

🖉 세로 눈금 10칸이 1 kg을 나타내므로 세로 눈금 한 칸은 0.1 kg을 나타냅니다.
13일에 강아지의 무게는 10.6 kg, 19일에 강아지의 무게는 11 kg입니다.
따라서 16일에 강아지의 무게는 13일과 19일의 중간인 약 10.8 kg입니다.

답 약 10.8 kg

평가 기준	풀이 과정이 바른 경우	2점	합
	답을 바르게 구한 경우	2점	4점

2

🖉 세로 눈금 5칸이 10 cm를 나타내므로 세로 눈금 한 칸은 2 cm를 나타냅니다.
3월에 화초의 키는 8 cm, 8월에 화초의 키는 34 cm입니다.
따라서 5개월 동안 화초의 키는
34−8=26(cm) 자랐습니다.

답 26 cm

평가 기준	풀이 과정이 바른 경우	2점	합
	답을 바르게 구한 경우	2점	4점

5. 꺾은선그래프 (2)

서술형 완성하기   p. 72

1 많이, 2014, 2015, 2015   답 2015년

2 적게, 2016, 2017, 2017   답 2017년

서술형 정복하기   p. 73

1

🖉 제품 생산량이 줄어든 때는 꺾은선이 왼쪽에서 오른쪽 아래로 내려간 때이므로 2월과 3월 사이입니다.
따라서 제품 생산량이 전월에 비해 줄어든 때는 3월입니다.

답 3월

평가 기준	이유를 바르게 설명한 경우	2점	합
	답을 바르게 구한 경우	2점	4점

2

🖉 가장 많이 늘어난 때는 꺾은선이 오른쪽 위로 올라가면서 가장 많이 기울어진 때이므로 3월과 4월 사이입니다.
따라서 제품 생산량이 전월에 비해 가장 많이 늘어난 때는 4월입니다.

답 4월

평가 기준	이유를 바르게 설명한 경우	2점	합
	답을 바르게 구한 경우	2점	4점

3

🖉 [예 1] 생산량이 3월부터 계속 늘어나고 있고 5월과 6월 사이에 30개, 6월과 7월 사이에도 30개 늘어났으므로 8월의 생산량은 7월의 생산량에서 30개 늘어난 10160+30=10190(개)가 될 것이라고 예상할 수 있습니다.
[예 2] 생산량이 3월부터 계속 늘어나고 있고 3월과 4월 사이에 50개, 4월과 5월 사이에 40개, 5월과 6월 사이에 30개, 6월과 7월 사이에 30개로 10개 정도씩

줄어들며 늘어났으므로 8월의 생산량은 7월의 생산량에서 20개 늘어난 $10160+20=10180$(개)가 될 것이라고 예상할 수 있습니다.

평가 기준	예를 1가지씩 설명할 때마다 2점씩 배점하여 총 4점이 되도록 평가합니다.	합 4점

5. 꺾은선그래프 (3)

서술형 완성하기　　　　　　p. 74

1 1권, 1권

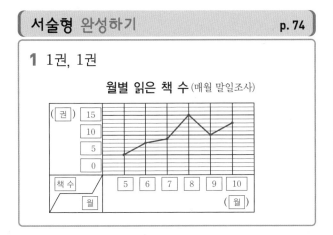

서술형 정복하기　　　　　　p. 75

1

배 생산량

[질문 1] 그래프를 그리는 데 꼭 필요한 부분은 최솟값 1200상자부터 최댓값 2600상자까지이므로 필요 없는 부분인 0상자부터 1200상자보다 적은 곳까지를 물결선으로 나타내면 좋습니다.

[질문 2] 배 생산량이 백의 자리까지 나타내어져 있으므로 세로 눈금 한 칸의 크기는 100상자로 하는 것이 좋습니다.

평가 기준	[질문 1], [질문 2]에 대하여 각각 바르게 설명한 경우	각 2점	합 6점
	물결선을 사용한 꺾은선그래프를 바르게 그린 경우	2점	

2

그래프의 세로 눈금에는 몸무게를 나타내는 것이 좋습니다.
세로 눈금 20칸에 적어도 36 kg까지 나타내어야 하므로 세로 눈금 한 칸의 크기는 2 kg으로 하는 것이 좋습니다.

답 2 kg

평가 기준	풀이 과정이 바른 경우	3점	합 5점
	답을 바르게 구한 경우	2점	

5. 꺾은선그래프 (4)

서술형 완성하기　　　　　　p. 76

1 막대그래프, 꺾은선그래프

서술형 정복하기　　　　　　p. 77

1

어느 친구의 발표 횟수가 많고 적은지 쉽게 비교할 수 있는 막대그래프로 나타내는 것이 좋습니다.

답 막대그래프

평가 기준	이유를 타당하게 설명한 경우	2점	합 3점
	알맞은 그래프를 답한 경우	1점	

2

주별로 달리기 기록이 어떻게 변화하는지 쉽게 알아볼 수 있는 꺾은선그래프로 나타내는 것이 좋습니다.

답 꺾은선그래프

평가 기준	이유를 타당하게 설명한 경우	2점	합 3점
	알맞은 그래프를 답한 경우	1점	

3

✎ ㉠ 어느 도시의 전기 사용량이 많고 적은지 쉽게 비교할 수 있는 막대그래프로 나타내는 것이 좋습니다.

㉡ 연도별 자동차 생산량의 변화를 쉽게 알아볼 수 있는 꺾은선그래프로 나타내는 것이 좋습니다.

평가기준	각각에 대하여 이유를 타당하게 설명한 경우	각 2점	합 4점

5. 꺾은선그래프 (5)

서술형 완성하기   p. 78

1 작을수록, 적게, 2017   답 2017년

2 100, 3200, 2700, 500   답 500명

서술형 정복하기   p. 79

1

✎ 교실의 온도와 운동장의 온도를 한 그래프에 나타내면 교실과 운동장의 온도를 비교할 수 있고 두 자료의 변화하는 모습을 한눈에 알 수 있기 때문입니다.

평가기준	2가지 자료를 비교할 수 있다는 내용이 있는 경우 답으로 인정	3점

2

✎ 꺾은선그래프에서 두 꺾은선의 벌어진 정도가 클수록 교실과 운동장의 온도의 차가 큽니다.

따라서 교실의 온도와 운동장의 온도의 차가 가장 큰 때는 두 꺾은선이 가장 많이 벌어진 낮 12시입니다.

답 낮 12시

평가기준	두 꺾은선을 비교하여 바르게 설명한 경우	2점	합 4점
	답을 바르게 쓴 경우	2점	

3

✎ 꺾은선그래프에서 두 꺾은선의 벌어진 정도가 교실과 운동장의 온도의 차를 나타내므로 두 그래프가 만날 때 교실과 운동장의 온도가 같습니다.

따라서 교실과 운동장의 온도가 같아진 때는 오후 2시입니다.

답 오후 2시

평가기준	두 꺾은선을 비교하여 바르게 설명한 경우	2점	합 4점
	답을 바르게 쓴 경우	2점	

실전! 서술형   p. 80 ~ 81

1

✎ 세로 눈금 5칸이 100명을 나타내므로 세로 눈금 한 칸은 20명을 나타냅니다. 2016년 1월에 이 마을의 인구는 440명, 2017년 1월에 이 마을의 인구는 520명입니다.

따라서 2016년 7월에 이 마을의 인구는 2016년 1월과 2017년 1월의 중간인 약 480명입니다.

답 약 480명

평가기준	풀이 과정이 바른 경우	2점	합 4점
	답을 바르게 구한 경우	2점	

2

✎ 예 2015년부터 2018년까지 인구 수가 계속 늘어나고 있습니다. 2016년에 60명, 2017년에 80명, 2018년에 60명 늘어났으므로 2019년에는 80명이 늘어날 것이라고 예상할 수 있습니다.

따라서 2019년 1월에 이 마을의 인구 수는 2018년 1월의 인구 수인 580명에서 80명 늘어난 $580+80=660$(명)이 될 것이라고 예상할 수 있습니다.

평가기준	꺾은선그래프에서 자료의 변화를 바르게 읽고 예상한 경우	2점	합 4점
	예상에 대한 이유가 바른 경우	2점	

3

✎ 기온이 소수 첫째 자리까지 나타내어져 있으므로 세로 눈금 한 칸의 크기는 0.1℃로 하는 것이 좋습니다.

평가 기준	설명이 논리적이고 바른 경우	2점	합 3점
	답을 바르게 구한 경우	1점	

4

✎ [표 1] 연도별 휴대폰 판매량의 변화를 쉽게 알아볼 수 있는 꺾은선그래프로 나타내는 것이 좋습니다.

[표 2] 어느 회사의 휴대폰 판매량이 많고 적은지 쉽게 비교할 수 있는 막대그래프로 나타내는 것이 좋습니다.

평가 기준	[표 1]의 자료에 알맞은 그래프를 바르게 설명한 경우	2점	합 4점
	[표 2]의 자료에 알맞은 그래프를 바르게 설명한 경우	2점	

5

✎ 꺾은선그래프에서 두 꺾은선의 벌어진 정도가 클수록 예슬이와 지혜의 키의 차가 큽니다.

따라서 예슬이의 키와 지혜의 키의 차가 가장 큰 때는 두 꺾은선이 가장 많이 벌어진 3학년 때입니다.

답 3학년

평가 기준	두 꺾은선을 비교하여 바르게 설명한 경우	2점	합 4점
	답을 바르게 구한 경우	2점	

쉬어가기

본책 82쪽

---

6 **다각형**

6. 다각형 (1)

서술형 완성하기 p.84

1 같지만, 다르므로

2 나 **답** 나

서술형 정복하기 p.85

1

✎ 변의 길이가 모두 같고 각의 크기가 모두 같은 다각형을 정다각형이라고 하는데 주어진 도형은 네 각의 크기가 같지만 네 변의 길이가 다르므로 정다각형이 아닙니다.

평가 기준	정다각형이 아닌 이유를 바르게 설명한 경우	4점

2

✎ 다 도형은 선분으로만 둘러싸인 도형이 아니므로 다각형이 아닙니다.

평가 기준	다각형이 아닌 도형을 찾은 경우	2점	합 5점
	다각형이 아닌 이유를 바르게 설명한 경우	3점	

3

✎ 가 도형은 변의 길이와 각의 크기가 모두 다른 다각형이므로 정다각형이 아닙니다.

평가 기준	정다각형이 아닌 도형을 찾은 경우	2점	합 5점
	정다각형이 아닌 이유를 바르게 설명한 경우	3점	

3. 다각형 (2)

서술형 완성하기 p.86

1 다각형, 십각형 **답** 십각형

2 마름모, 직사각형, 정사각형, 마름모, 정사각형, 정사각형, 정사각형 **답** 정사각형

정답과 풀이

서술형 정복하기 p. 87

1

✎ 선분으로만 둘러싸여 있으므로 다각형이고 둘러싸고 있는 선분이 모두 8개이므로 팔각형입니다. 또 그중에서 변의 길이와 각의 크기가 모두 같은 도형은 정팔각형입니다.

답 정팔각형

평가기준	각각의 조건을 만족하는 도형을 바르게 설명한 경우	2점	합 4점
	답을 바르게 구한 경우	2점	

2

✎ 그림에서 두 대각선이 서로 수직인 사각형은 가와 라입니다. 가와 라 중에서 정다각형이 아닌 도형은 라입니다.
따라서 조건을 모두 만족하는 사각형은 라입니다.

답 라

평가기준	조건을 모두 만족하는 사각형을 찾은 경우	2점	합 5점
	이유를 바르게 설명한 경우	3점	

3

✎ 대각선을 2개 그을 수 있는 도형은 사각형입니다. 사각형 중에서 두 대각선의 길이가 같은 도형은 직사각형과 정사각형이고 그중에서 두 대각선이 서로 수직으로 만나는 것은 정사각형입니다.
따라서 조건을 모두 만족하는 도형은 정사각형입니다.

답 정사각형

평가기준	각각의 조건을 만족하는 도형을 바르게 설명한 경우	3점	합 5점
	조건을 모두 만족하는 도형의 이름을 바르게 쓴 경우	2점	

6. 다각형 (3)

서술형 완성하기 p. 88

1 6, 6, 54   답 54 cm

2 5, 5, 540   답 540°

서술형 정복하기 p. 89

1

✎ 정다각형은 변의 길이가 모두 같으므로 변의 수는 $48 \div 6 = 8$(개)입니다.
따라서 변의 수가 8개인 정다각형이므로 정팔각형입니다.

답 정팔각형

평가기준	이유를 바르게 설명한 경우	3점	합 5점
	답을 바르게 구한 경우	2점	

2

✎ 정육각형은 4개의 삼각형으로 나눌 수 있으므로 정육각형의 모든 각의 크기의 합은 $180° \times 4 = 720°$입니다.
따라서 정육각형은 각의 크기가 모두 같으므로 ㉠$= 720° \div 6 = 120°$입니다.

답 120°

평가기준	정육각형의 모든 각의 크기의 합을 구한 경우	3점	합 5점
	㉠을 바르게 구한 경우	2점	

3

✎ 가는 정사각형이고 나는 정오각형입니다.
(정사각형 가의 한 변의 길이)
$= 100 \div 4 = 25$(cm),
(정오각형 나의 한 변의 길이)
$= 100 \div 5 = 20$(cm)
따라서 정다각형 가와 나의 한 변의 길이의 합은 $25 + 20 = 45$(cm)입니다.

답 45 cm

평가 기준	정사각형 가의 한 변의 길이를 구한 경우	2점	합 6점
	정오각형 나의 한 변의 길이를 구한 경우	2점	
	답을 바르게 구한 경우	2점	

면 라 모양 조각은 적어도 6개가 필요합니다.

답 6개

평가 기준	라 모양 조각으로 가장 작은 정육각형을 만든 경우	3점	합 5점
	라 모양 조각이 적어도 몇 개 필요한지 바르게 구한 경우	2점	

6. 다각형 (4)

서술형 완성하기 p. 90

1

, 5

2 (예)

3, 같습니다.

서술형 정복하기 p. 91

1

다 모양 조각을 사용하여 가 모양 조각을 만들면 오른쪽 그림과 같습니다. 따라서 가 모양 조각을 만들려면 다 모양 조각이 3개 필요합니다.

답 3개

평가 기준	다 모양 조각으로 가 모양 조각을 만든 경우	3점	합 5점
	다 모양 조각이 몇 개 필요한지 바르게 구한 경우	2점	

2

라 모양 조각을 사용하여 가장 작은 정육각형을 만들면 오른쪽 그림과 같습니다.
따라서 정육각형을 만들려

3

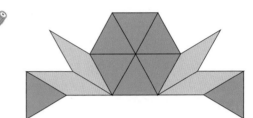

모양 조각을 최대한 많이 사용하여 모양을 만들어 보면 라 모양 조각이 8개, 바 모양 조각이 4개이므로 사용한 모양 조각은 모두 8+4=12(개)입니다.

답 12개

실전! 서술형 p. 92 ~ 93

1

네 변의 길이와 네 각의 크기가 모두 다르므로 정다각형이 아닙니다.

평가 기준	정다각형이 아닌 이유를 바르게 설명한 경우	4점

2

이 도형은 선분으로만 둘러싸여 있으므로 다각형이고, 변의 수가 모두 9개이므로 구각형입니다. 또 구각형 중에서 변의 길이와 각의 크기가 모두 같은 도형은 정구각형입니다.

답 정구각형

평가 기준	각각의 조건을 만족하는 도형을 바르게 설명한 경우	2점	합 4점
	답을 바르게 구한 경우	2점	

정답과 풀이

3

🖊 (정팔각형 1개를 만드는 데 필요한 철사의 길이)
$$=288÷3=96(cm)$$
➡ (정팔각형의 한 변의 길이)$=96÷8$
$$=12(cm)$$

답 12 cm

평가기준	정팔각형 1개를 만드는 데 필요한 철사의 길이를 구한 경우	3점	합 5점
	정팔각형의 한 변의 길이를 구한 경우	2점	

4

🖊 정오각형은 3개의 삼각형으로 나눌 수 있으므로 정오각형의 모든 각의 크기의 합은 $180°×3=540°$입니다. 따라서 정오각형은 각의 크기가 모두 같으므로
㉠$=540°÷5=108°$입니다.

답 108°

평가기준	정오각형의 모든 각의 크기의 합을 구한 경우	3점	합 5점
	㉠의 크기를 바르게 구한 경우	2점	

5

🖊 라 모양 조각을 사용하여 나 모양 조각을 만들면 오른쪽 그림과 같습니다.
따라서 나 모양 조각을 만들려면 라 모양 조각이 3개 필요합니다.

답 3개

평가기준	라 모양 조각으로 나 모양 조각을 만든 경우	3점	합 5점
	라 모양 조각이 몇 개 필요한지 바르게 구한 경우	2점	

6

🖊 다 모양 조각을 사용하여 가장 작은 정육각형을 만들면 오른쪽 그림과 같습니다.
따라서 정육각형을 만들려면 다 모양 조각은 적어도 3개가 필요합니다.

답 3개

평가기준	다 모양 조각으로 가장 작은 정육각형을 만든 경우	3점	합 5점
	다 모양 조각이 적어도 몇 개 필요한지 바르게 구한 경우	2점	

쉬어가기 본책 94쪽

4학년이 꼭 ✓ 알아야 한 수학 서술형